CONTENTS

Mini to MINI グレートミニの革命 ——1959〜2005

アレック・イシゴニスと彼が生きた時代　1906〜1957	2
ADO15　1957〜1959	5
オースティン・セヴン／モーリス・ミニ・マイナー 850　1959〜1967	10
モーリス・ミニ・マイナー　インプレッション	18
モーリス・ミニ バン／ピックアップ　1960〜1983	22
オースティン・セヴン・カントリーマン／モーリス・ミニ・トラベラー　1960〜1967	24
ライレー・エルフ／ウーズレー・ホーネット　1961〜1969	30
ジョン・クーパー　1923〜2000	34
オースティン／モーリス ミニ・クーパー　1961〜1967	40
オースティン／モーリス ミニ・クーパーS　1963〜1971	46
オースティン・ミニ・クーパーS　インプレッション	50
ラリーでのミニ・クーパー　1962〜1968	52
ミニ・クーパーS　ポール・フレール試乗記	57
モーク　1964〜1994	60
レイランド・モーク・カリフォルニアン　インプレッション	62
イノチェンティ版ミニ登場　1965	64
イノチェンティ・ミニ 850／クーパー　1965〜1967	66
オースティン／モーリス ミニMk.II　1967〜1969	74
イノチェンティ・ミニ850Mk.2　インプレッション	77
ミニ・クラブマン　1969〜1982	82
ミニMk.III　1969〜1982	92
イノチェンティ・ミニMk.3　1970〜1972	94
イノチェンティ・ミニ・マティック　インプレッション	97
レイランド-イノチェンティ・ミニ 1000／1001／T／クーパー　1972〜1976	98
レイランド-イノチェンティ・ミニ 1000／クーパー1300　インプレッション	104
レイランド-イノチェンティ・ミニ 90／120　1974〜1983	106
レイランド-イノチェンティ・ミニ 90／120　インプレッション	111
イノチェンティ・ミニ・デ・トマゾ　1976〜1990	114
オースティン・ミニ・メトロ　1980〜1990	118
オースティン・ミニ E／HLE／メイフェア　1982〜1993	122
オースティン・ミニ E／HLE インプレッション	126
オースティン・ミニ25　1984	128
オースティン・ミニ・サーティ　1989	130
ローバー・ミニ・クーパー　1990〜2000	132
ローバー・ミニ・クーパー　インプレッション	136
ローバー・ミニ・カブリオレ　1991〜1996	138
ローバー・ミニ・ブリティッシュ・オープン・クラシック　1992	140
ローバー・ミニ35　1994	142
ローバー・ミニ40LE　1999	144
ミニ・ファイナル・エディション　2000〜2001	146
スペシャルなミニたち　1976〜2000	150
バックヤードビルダーの手によるミニ	156
ミニ・フリークス	160
さようならミニ ようこそミニ	162
ACV30／スピリチュアル／スピリチュアル・トゥー　1997	164
ニュー・ミニ誕生まで　1994〜2000	166
ミニ・クーパー　2000〜	170
ミニ・ワン　2001〜	176
ミニ・クーパー／ワン　インプレッション	179
ミニ・クーパーS　2001〜	182
ミニ・クーパーS　インプレッション	188
ミニ・オートマチック　2001〜	190
ミニ・ワンD　2003〜	192
ミニ・ワンD　インプレッション	196
ミニ・クーパーJCW　2003〜	198
ミニ・クーパーS JCW　インプレッション	204
ミニ・コンバーティブル　2004〜	206
ミニ・クーパー・コンバーティブル　インプレッション	212
ミニ・オンリー・ワン	214
カスターニャのミニ	218
ミニ・キャラクターズ　2005〜	220

一枚の写真に納まったふたつの伝説。イシゴニスが贈ったミニに乗る友人、エンツォ・フェラーリ。

2005年9月、"ニュー"ミニはデビューから4年目を迎え、販売台数は60万台を超えた。この数字は、商業上の成功のみならず、このクルマが時代を象徴する存在となったことを示している。1959年にアレック・イシゴニスが手掛けたミニ・マイナーの再来を思わせるが、しかしこの2台はまったく異なるものだ。とはいえ、自動車のコンセプトを超えた、フレッシュなスピリットを持っているという点では共通している。

この本ではふたつのストーリーと2回のデビュー、すなわちオリジナル・ミニとBMWの時代を迎えたニュー・ミニを語る。過去と現在、そしておそらく未来のミニを総括しているという点でも画期的な本といえるだろう。

マウロ・テデスキーニ
クアトロルオーテ誌ディレクター

アレック・イシゴニスと彼が生きた時代 1906〜1957

ヨーロッパ、そしてイギリスは厳しい戦争を終えたばかりだった。だが、近代に入ってもっとも悲惨な時代であったにもかかわらず、人々は生きる意欲を失うことはなかった。戦争が終わってから数年のうちに、ヨーロッパの都市では再建が進み、経済と生活の質の向上をめざして、社会全体の立て直しが行なわれたのだった。

イギリス社会の復興はすぐにというわけにはいかなかったが、それでも戦争によってこの国が受けた被害は、イタリアやドイツのそれとは比べものにならないほど小さいものだった。実際、この混沌の時代にあってもイギリスでは、ハイパワー・エンジンを積んだ豪華な英国車が整備された道を走る姿を、目にすることができたのだ。それはまさに、イギリスの被った戦争による打撃が一部に過ぎなかったことを象徴するような光景だった。

対照的なのは、戦争の痛手を1960年代初頭まで引きずっていた他のヨーロッパ諸国だろう。そこでは、イタリアのイソ・イセッタ（ドイツではBMWが生産）やドイツのメッサーシュミットのような、わずかな燃料で走るバブルカーと呼ばれる小さなクルマが街にあふれ出していた。

オースティンの社長から、後にBMCの総帥となったレオナード・ロード卿は、スエズ危機によるガソリン不足からイギリスにも出現するようになったこの手のバブルカーを毛嫌いしていた。

「神よ、このおぞましいクルマを戒めたまえ。我々は小さくても本当のクルマを造り、彼らを路上から追放しなくてはならない」

自身のルーツをギリシャに持つ天才設計者、アレック・イシゴニスに向かって、ロード卿はこういったという。こうしてミニが誕生することになったわけだが、実際、このクルマが秘めていた可能性、オリジナリティは、ふたりの偉大な自動車人、アレクサンダー・アーノルド・コンスタンティン・イシゴニスと、"ロード・ロンブリー"と呼ばれた1896年生まれの実業家、レオナード・ロード卿が存在しなければ、この世に現われることはなかっただろう。

先見の明に秀でたロード卿は、戦後十年目にして、この先再び大きな経済危機が訪れるだろうと予測していたし、実際、そのとおりになった。1957年に勃発したスエズ動乱は深刻なガソリン不足を引き起こし、好むと好まざるとにかかわらず、燃費に優れたスモールカーが求められるようになったのだ。

イシゴニスは1906年、ヨーロッパの裕福な家庭の子息としてトルコのイズミール（スミルナ）で生まれた（父はルーツをギリシャに持つイギリス人で造船所を所有する実業家、母はドイツ・バイエルン地方のビール・メーカーの娘で、工場がスミルナにあった）。家庭教師によって教育を受け、彼の周りには何人もの召し使いが控えるという恵まれた幼年時代を送ったが、第一次世界大戦でトルコがドイツ側に付いたことにより、イギリス人はマルタ島に脱出した。イシゴニス家も例外ではなかった。しかし、彼のこの島での暮らしは短く、父親が亡くなったために16歳のアレクサンダーは母親とともにイギリスに戻ることになったのだった。

ロンドンのバタシー工科大学で工学博士の学位を取得したイシゴニスは、いよいよ自動車界に足を踏み入れる。最初に働いたのはロンドンのジレットだった。この会社で彼はセミオートマティック・トランスミッションの開発を担当。その後、ルーツ・グループに買

伊独のミニチュア
戦後、ヨーロッパの道を大いばりで走ったバブルカーのボスが、このイセッタ。航空技術でその名を知られたエンジニア、エルメネリド・プレティのアイデアで1952年に誕生した。翌53年から55年までミラノのイソで製作されたが、同時にドイツ（BMW）、スペイン、フランスでもライセンス生産された。

収されたばかりのハンバーに、そして1936年、モーリスへ移った。

ハンバー時代のイシゴニスは、コヴェントリーで農業を手掛けながら同社でエンジニアとして働いていた、ジョージ・ドーソンとともに、彼にとって初めての自動車を設計している。シングルシーターの競技車輌、ライトウェイト・スペシャルは、コンプレッサー付きオースティン・セヴン・アルスターのエンジンを搭載する。このレーシングマシーンは、彼がモーリスで次に生み出すことになるクルマの叩き台ともいえるものだった。フロント・サスペンションは独立式で、これはMGが戦後、1947年のYタイプから、かのアビンドンで製造された最終モデルのBまで使用されたものだ。イシゴニスの名声は高まったが、その名声は、彼が設計したクルマによるだけでなく、彼が生み出す非常に斬新な技術によって得たものともいえるだろう。なにより彼の作品には独特の哲学が感じられた。イシゴニスのクルマはドライビング・プレジャーに溢れ、スタビリティも高く、とにかく経済的だった。これらはもちろんミニに集約されている。

1943年、イシゴニスはマイナーを生み出す。プロトタイプ時代、モスキートと呼ばれたこのクルマは1948年に公式に披露されたのだが、評判にはなったものの、それは好意的なものばかりではなかった。ウィリアム・モーリス

転職

何社かで経験を積んだアレック・イシゴニス（写真は1960年代に撮影されたもの）は、1936年、モーリスに入社する。モーリスは52年にオースティンと合併してBMCとなったが、この新会社には新しいアイデアを形にする余裕がないことに危機感を募らせたイシゴニスはアルヴィスに転職。ここで彼はまったく新しいタイプのサスペンションを採用したスポーツカーを製作するが、BMCを率いるロード卿から再び声がかかる。新しいプロジェクト、非常に重要なプロジェクトを依頼されたのだった。

つぶれた卵

イシゴニスの設計したクルマに拒絶反応を示したのは、他ならぬウィリアム・モーリスだった。にもかかわらず、1948年から販売が開始されたマイナーは大成功を収める。後輪駆動で、すごく速いというクルマではなかったが、この時代のライバル車に比べるとすばらしいハンドリングを備えていた。

はじめ、ナッフィールド卿、そしてスノッブな人々は拒絶反応を示し、このクルマと一緒に写真に写ることを拒否するほどだった。「つぶれた卵みたいじゃないか」と、その態度は我慢の限界を超えるようなひどいもので、このクルマがヒットするとは、彼らの態度を見るかぎり、ありえなかった。

1952年、モーリスとオースティンは合併し、「BMC（ブリティッシュ・モーター・コーポレーション）」となる。厳しい時代に突入した自動車マーケットで生き残るために、生産性の向上をめざして行なわれた合併だったが、イシゴニスのような、新しいものを生み出すことに意欲的な人間にとっては肯定的なものとはいいがたく、実際、この時期に彼が手掛けていたプロジェクトはまことに凡庸なものだった。この状況が彼にアルヴィス行きを決意させたのだろう。

軍用車輛と製品のハイクォリティが自慢のアルヴィスで、イシゴニスはV型8気筒のスポーティ・サルーンを設計する。3ℓのこのクルマには非常に独創的なサスペンションが採用された。その名もモールトン・ハイドロラスティック（設計者であるアレックス・モールトンにちなんで命名されたもの）といい、液体を中空に満たしたラバーコーンを用い、フロントとリア・トレーンをパイプで連結させたサスペンションだった。

イシゴニスは短期間でこのプロトタイプを製作する。これが生産モデルになることはなかったものの、まさに彼の理念が反映されたものに仕上がっていた。イシゴニスがアルヴィスで仕事をした期間は短い。というのも、ある日、レオナード・ロード卿が「ロングブリッジに来ないか」と電話をかけてきたからである。

イシゴニスはクリス・キングハム、ジョン・シェファードといった仲間を連れてアルヴィスを離れる。1500ccの前輪駆動車、XC9001プロジェクトではシャシーを担当し、また、マイナーでもシャシー設計に携わったジャック・ダニエルズも、イシゴニスとともに再びロード卿のもとで働く決意をしたのだった。

ADO 15 1957〜1959

こうして、希望に満ちたADO15のプロジェクトがスタートした。この、小さいながらも偉大なクルマは、ブリティッシュ・モーター・カンパニーの社長に就任したレオナード・ロード卿が毛嫌いしたバブルカーの台頭を阻止する使命を担っていた。目標はモダンで経済的、小さくとも存在感があり、"身の毛のよだつ奴らを道路から一掃する"クルマであること——。

1957年3月のクレムリン（オースティン本社のあるロングブリッジはこう呼ばれていた）では、他のあらゆるプロジェクトがADO15に道を譲ることになった。8人で構成されたミニの開発チームのメンバーは、イシゴニスの伝説のフリーハンド・スケッチ（このページに掲載）を設計図に置き換えるべく活発に仕事をした。緻密に計算され、それが具体的な形を引き出す。時代の要求に応えつつ、新しいアイデアに満ちたそれは、まさに天才エンジニア、イシゴニスの直感と、これまでの経験から生み出されたものだった。

ADO（オースティン・ドローイング・オフィス）、ナンバー15と呼ばれたこのプロジェクトの最大のポイントは、いかにスペースを有効利用するかにあった。エンジン、ギアボックス、タイア、サスペンションといったメカニカルトレーンが居住空間に食い込んではならないこと、キャビンには4人の人間と荷物が入ることが前提だった。これが前輪駆動方式を選択する決め手になったのである。

このアイデアは画期的なもので、さっそく

フリーハンド
1950年代終わり、ADO15のプロジェクトがスタートした時代には、まだコンピュータは導入されていなかった。アイデアは鉛筆で紙に描かれた。イシゴニスがフリーハンドで描くスケッチは有名で、このスケッチをスタッフが設計図に置き換えた。

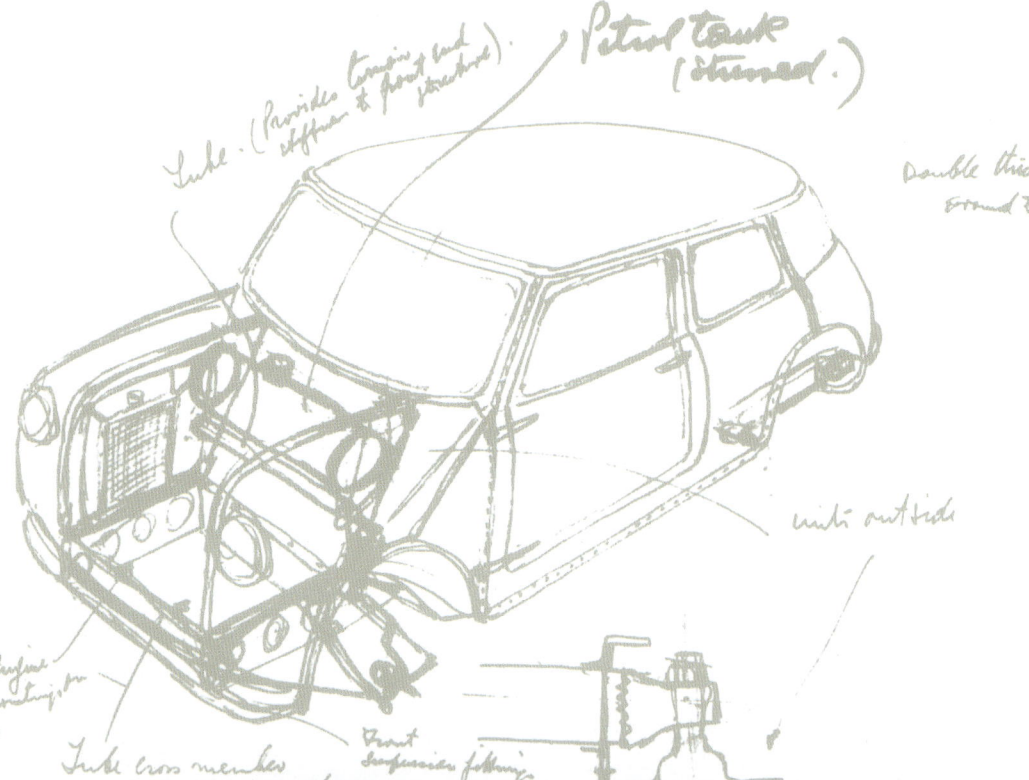

ロードテスト

1957年、2台のカムフラージュされたADO15が英国でロードテストを開始した（左のクルマにはA35のグリルが装着されている）。水深15cmのプールを50mph（約80km/h）で走り抜けるシーン。他のプロトタイプでは、英国に留まらず、ヨーロッパ内のさまざまな道でテストが実施された。

ミニのプロトタイプに採用された。エンジンはすでにほかのクルマに使われていたものを流用することとし、最終的にはオースティンのAタイプが選ばれた。1951年にデビューしたA30はこの時点で803ccから948ccに拡大され、A35となっていた。実は"ハーフA"（2気筒450cc）と呼ばれたタイプのエンジンもテストされたのだが、パワー不足とノイズの問題で却下されていた。最終的なレイアウトは、ギアボックスも含めたパワートレーンを、フロントのわずか50cmの空間に横置きに収めることが課題とされた。

ADO15ではハーフシャフト（ドライブシャフト）のポール側のUジョイントに、バーフィールド社のものが採用されている。これはチェコスロバキアのハンス・ツェッパが開発して1926年に特許を取得、その後、イギリスで改良されたものだ。このUジョイントによって

従来の前輪駆動が抱えていたジョイントの振動や突然の焼き付きという問題がなくなり、スムーズに前輪を駆動し、操舵することが可能となった。

このように、最高の機能と高い実用性をコンパクトなパッケージングの中に収めることに全力が注がれたわけだが、同時に付加価値を高める外観も重要視され、ダンロップに10インチ・ホイールとタイアの製作を依頼することになった。タイア以外でもゴムは重要な役割を果たしている。このプロジェクトではラバー・スプリングを採用することによって、小径のタイアから（非常に軽量な）ボディに伝わる振動の問題を解決した。

1957年秋、オレンジ色に塗られたADO15のテスト走行がスタートした。カムフラージュのためにA35のグリルを装着してテストを行なったが、この最初のテスト結果から、キャブレターが後方になるように、エンジン・アセンブリーを180度逆転して配置することになった。これによってギアがもう1個必要となったほか、ストロークを短くせざるをえなくなり、排気量は848ccに縮小された。

レオナード・ロード卿はクルマの出来映えにとても満足し、完成を急ぐように指示した。その後もテストが続けられ、改良が加えられていった。たとえば、ボディのサスペンション取り付け部の周りに金属疲労が発見されたため、新たにそれぞれが独立したサブフレームを介して、前後のサスペンションをボディに取り付けることにした（しかし、これはのちに錆の問題を抱えることになる）。また重量配分を向上させるために、バッテリーがトランクに移動された。これによってハードブレーキング時の後輪ロックが改善されたが、完全に解決をみたわけではなかった。

ADO15が正式に披露されたのは1959年8月26日である。この革新的なクルマはオースティン・ブランドのセヴン（最初はSe7enと綴られた）と、モーリスのバッヂを装着したミニ・マイナーの2ブランドで販売されることになった。生産はロングブリッジのオースティンで4月からスタートし（最初のADO15のナンバーは621AOK、このクルマは現在、ゲイドンのブリティッシュ・モータース・インダストリー・ヘリティッジ・トラストズ・コレクションに所蔵されている）、いっぽう、コーレーのモーリスの工場ではエンジン・アセンブリーが行なわれた。

プロジェクト・リーダー
モーリス・ミニの傍らに立つアレック・イシゴニス。サリーのブリティッシュ・モーター・カンパニーのサーキットにて。クルマは9月2日に予定されていたオフィシャル・プレゼンテーションに向けて準備万端。お披露目はその後、1959年8月26日に繰り上げられた。

ADO 15 イシゴニスは語る

ミニマムに抑えられた室内への張り出し

ADO15のターゲットのひとつは、いかに室内スペースを有効利用するかということだった。これがパワートレーンをすべて前にもってくる決定につながった。これにより乗客と荷物に充分なスペースが生まれた。

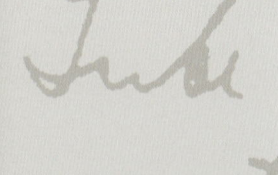

　BMC社長のレオナード・ロード卿は、1956年、新しい"ベビーカー"の製作に関して、何の条件も付けることなくアレック・イシゴニスにすべてを任せた。

　イシゴニスは語る。

「この社命を受けたときにはすでに、プロジェクトと結びつけられそうなクルマを何台かテストしていましたが、どれがこのプロジェクトの参考になって、どれが参考にならないのかを判断することができずにいました。そこで私は決めたのです。既存の事柄に縛られるのはやめよう。自分の経験とアイデアだけを頼りに新型車に取り組むことにしたのです。

　何年か前に、すでに前輪駆動車でエンジンを横置きにする手法は経験していました。ですから、このほうが従来の後輪駆動車よりコスト高でも、メリットは大きいことを知っていたのです。私のクルマはもっと小さく軽量で、BMCのどのクルマより価格が安くなくてはならない。それでいて、パワーや快適性において、ハイクラスのクルマに劣るようなことがあってはならない。4気筒を半分にして（作業が複雑だった）、2気筒を試作した（燃費とノイズの問題から却下された）のはこのためです」

　ADO15にもっともふさわしいとイシゴニスが判断したのは、最終的にオースティンA35の水冷4気筒エンジンだった。

「コンパクト性を考えてエンジンとギアボックスをワンブロックにした948ccを搭載したテストモデルの1台を、レオナード・ロード卿がドライブしてオーケーを出したのです。排気量を848ccに落とすことになったのは、これはもともとのエンジン・パワーでは小型で軽量のADO15には過大だと判断したためです。ギア類はオイルパンの中に収めました。また前後のサスペンションを、独立したサブフレームを介してボディに取り付けましたが、フロントのサブフレームはコンパクトなエンジン／

ギアボックス・アセンブリー全体を保持しています。これによって振動が改善されました。ラジエターは、当初フロントに配置しており、電動冷却ファンが必要でした。ところがエアロダイナミクスの研究中、フロントのホイールアーチ付近で低圧となる現象が発生していることが判明したのです。この低圧ゾーンを冷却に利用しない手はないと、ラジエターを移動することにしました。小径のタイアを採用すると、ホイールハウスのキャビンへの侵入は少ないですが、短いホイールベースと軽量ボディとを組み合わせると、通常のスチール・コイルでは路面の状況に敏感になります。これがサスペンションの研究を始めるきっかけとなりました。その結果、メタル部分、つまりサブフレームとサスペンションリンクの間にコーン型のラバーを入れて解決できないかと考えついたのです。

　低重心と最適な重量配分が功を奏して、その性能は期待以上のものになりました。我々の"ベビーカー"はこのクラスのクルマではトップの性能を獲得することになったのです」

スタジオにて

アレック・イシゴニス。バーミンガム州ロングブリッジのBMC本社内の彼のスタジオで撮影された一枚。1960年3月号の『クアトロルオーテ』の取材に答えて、ミニ・マイナー850開発ストーリー、英国で誕生した初の前輪駆動車の誕生秘話を語る。

オースティン・セヴン／モーリス・ミニ・マイナー 850　1959〜1967

1959年8月26日、自動車雑誌のジャーナリストがサリー州チョプハムのFVRDE（軍用車輌開発研究所）に招かれた。ここでミニのお披露目が行なわれたのだ。

ほとんどのジャーナリストは、ミニが、それまでに彼らが試乗したものとは比較評価することのできない、まったく新しいタイプのクルマであることをすぐに理解した。そう、ミニはこれまでとは確実に一線を画すクルマだったのだ。いわばレヴォリューション——ヨーロッパ自動車界に巻き起こった革命だった。ミニのシンプルさに人々は仰天し、なによりミニの武器ともいえるその性能に度肝を抜かれた。

最初期のベーシックモデルの価格は500ポンドだったが、いくつもの不具合が判明した。そのなかにはモデル末期まで引きずったものもあった。たとえば室内の換気の問題がそれだ。最初はサイドウィンドーがスライド式になっていたが、乗客の肘があたる部分に余裕を与えるためというのがメーカーの主張だった。これはあくまでメーカー側の言い分で、空気を循環させるためには、リアのクォーターウィンドーを開ける必要があったが、ミニの場合、独特なボディ形状によって予想外の空気の流れが引き起こされ、このウィンドーが閉まってしまうのだ。

また、雨の日にフロントウィンドーが曇ってしまうことも問題だった。これは、コストを削減するために、室内の空気を循環するシステムを省略したために生じたことだった。さらに、フロアから水が浸入するトラブルは閉口もので、これはエンジンを2気筒から4気筒に変更した際に設計し直された、フロアパネルと補強材の接合部の向きが間違っていたことが原因だった。この誤設計が水をかき集めてしまい、結果、室内に染みこむというトラブルを引き起こしたのだ。結局3ヵ月かかって原因究明に成功、解決に至った。

いっぽう、深刻だったのはエンジンオイルの

モダーン
下は850の初期のカタログ、イタリア版（モーリス）。明るく広いキャビン、走りっぷりの良さが強調されている。11ページの写真は1960年代のもの。まぎれもなく"ブリティッシュ"。

テクニカルデータ
モーリス・ミニ マイナー（1959）

【エンジン】＊形式：直列4気筒／横置き ＊ボア×ストローク：62.9×68.3mm ＊総排気量：848cc ＊最高出力：34.5ps／5500rpm（DIN） ＊最大トルク：60Nm／2900rpm（DIN） ＊圧縮比：8.3：1 ＊タイミングシステム：OHV／2バルブ ＊燃料供給：SU HS2

【駆動系統】＊駆動方式：FWD ＊変速機：4段 ＊クラッチ：乾式単板 ＊タイア：5.20-10

【シャシー／ボディ】＊形式：モノコック／2ドア・セダン ＊乗車定員：4名 ＊サスペンション：（前）独立 ダブルウィッシュボーン／ラバーコーン, テレスコピック・ダンパー（後）独立 トレーリングアーム／ラバーコーン, テレスコピック・ダンパー ＊ブレーキ：ドラム ＊ステアリング：ラック・ピニオン

【寸法／重量】＊全長×全幅×全高：3050×1400×1350mm ＊ホイールベース：2030mm ＊トレッド：（前）1200mm（後）1160mm ＊車重：605kg

【性能】＊最高速度：115km/h

すべてまとめて
エンジン／クラッチ／ギアボックス／ディファレンシャルは、コンパクトにひとつにまとまっている（右段下）。リアのサスペンション（右段中央）は高さが抑えられ、トランクスペースが活かされた。

トラブルだろう。普通のエンジンオイルでギアボックスまで潤滑させたため、オイルの初期性能がすぐに失われてしまった。

こういった"若さ"ゆえの不具合が散見されたにもかかわらず、ミニは非常に好評で、その個性的なスタイルが洗練された顧客を集めた。なによりライバルたちは、ミニ現象に立ち向かえるだけの武器を備えていなかった。たとえばイタリアでは、フィアット600から1100まで、どのクルマもお手上げ状態だった。ミニに対抗できるクルマは、1964年のフィアット850まで待たなくてはならなかったが、このフィアット850でさえ、リアエンジンの後輪駆動で、前輪駆動のアウトビアンキA112がデ

広大なスペース
エンジンを横に置くことでエンジンフードが小さくなった。横からみるとキャビンの広さがよくわかる。

よく似た双子
オースティン（セヴンと呼ばれた。写真上／左）、もしくはモーリス・ミニは、女性の心を掴んだ。2台はよく似ているが、下のデザイン画でわかるとおり、グリルの形状が異なっている。

ビューするのは1969年のことだ。フォードは1960年に登場した新しいアングリア105Eのみが挙げられる。トライアンフは1959年にヘラルドが登場したが、これはかなりクラシックなクルマだった。ルーツ・グループ入りしていたヒルマンは1963年にインプをデビューさせるが、これもまたリアエンジンの後輪駆動で、ウェット路面では予測不可能な挙動を見せるクルマだった。これらに引き換え、ミニはあらゆるシーンでの高いスタビリティが証明されていた。フランスのシムカもまた1962年に1000を出したが、リアエンジンを選び、ルノーはR4が前輪駆動に追従したが、そのキャラクターはイシゴニスのクルマとは大きく異なっていた。360ccと600ccのホンダNだけがミニを追ったが、販売台数ではミニに遠く及ばなかった。真のライバルが登場したのは1970年代に入ってからである。フィアット127、ルノー5、フォード・フィエスタ、フォルクスワーゲン・ポロ、プジョー104——。つまりそれまで、オースティンとモーリスの双子に適う敵は存在しなかったといえる。ライバル不在という状況も、ミニの成功を後押ししたのだろう。

イシゴニスのクルマは2ブランドでスタートし、それぞれオースティン・セヴンとモーリス・ミニ・マイナーという固有の名前が与えられた。2台の違いは、まずグリルにある。オースティンのグリルは波状だが、モーリスの

センターメーター

中央に配置された丸形パネルのなかには、スピードメーター、燃料計などが収められている。その両側は物を置くスペース。その他、ヒーターやワイパーのスイッチが見える。灰皿はフロントウィンドーの下にあり、左右にはデフロスターが配置された。長いシフトレバーが特徴的。

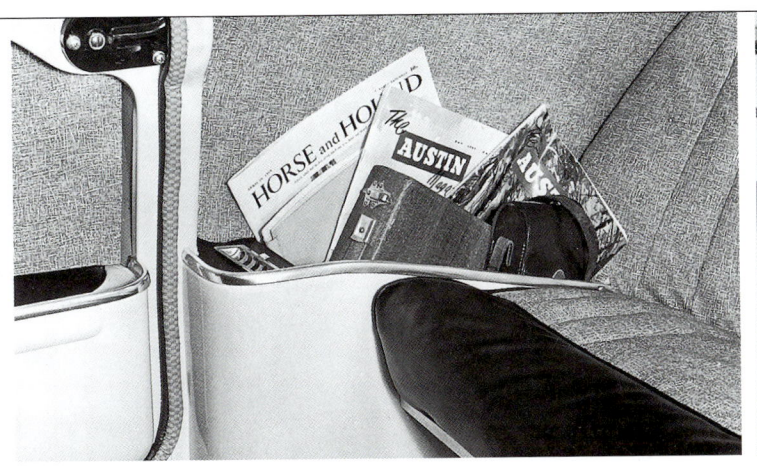

バカンスにも

ミニには、さまざまな物を収納するスペースが用意されている。リアシートのサイドにはたっぷりとしたポケットが、ドアの内側には横いっぱいに、これまたポケットがみられる。左下の写真にあるカバンは、バスケット以外、すべてトランクに収めることができる。バスケットはシート下に収まる。

それは格子状だった。ホイールカバーにも両者の違いはみられ、さらにオースティンのほうがボディカラーのバリエーションが豊富だった。いずれにしても違いは装備が中心で、エヴォリューション（改良と進化）自体は並行して進められた。

ミニとセヴンが醸し出す雰囲気はカジュアルである。この時代の自動車評論家が述べたように、細かい点にイギリスらしさが詰まっておりモダーンで、これがさまざまなシーンにマッチした。スライド式のサイドウィンドーからはじまって、露出したドアヒンジ、長いシフトレバーに加え、エンジンを目覚めさせるのはフロアにマウントされたスターターボタンという雰囲気が実にイギリス流だ。中央に集められたスイッチ類も特徴的で、ダッシュボードに物を置くスペースを設けてあるのもおもしろい。このやり方はジウジアーロ

が1980年のパンダに採用したことで、その先進性が証明されている。848ccのAタイプ・エンジンを搭載したこのクルマのギアボックスは、デビュー当時は1速のみノンシンクロだった。サスペンションにはラバーコーンを用い、ホイールは10インチ（ダンロップはタイアもミニ用に製作しなければならなかった）を履いていた。当初、モーリス・ミニ・マイナーはスタンダードとデラックスの2グレードでスタートしたが、1961年にスーパーが追加されてい

る。このグレードではメーター周りが、シンプルで独特な丸いタイプから、油圧計と水温計が配置された楕円形パネルに変更された。

1962年にはオースティン・セヴンからオースティン・ミニに名称を変更し、スタンダードとスーパー・デラックスの2グレードになった。これらには装備類に違いがみられる。

1964年にはサスペンションが、時代的にも価格的にも画期的といえるハイドロラスティックにかわる。これは1100シリーズに採用さ

豪華
「オートマティックを採用した最初の小型車」、右上の写真とともに、カタログにはこんなふうに記されている。ミニ・オートマティックのギアボックス（右はテクニカル・ドローイング）はトルクコンバーターを備える。マニュアルでの操作も可能。

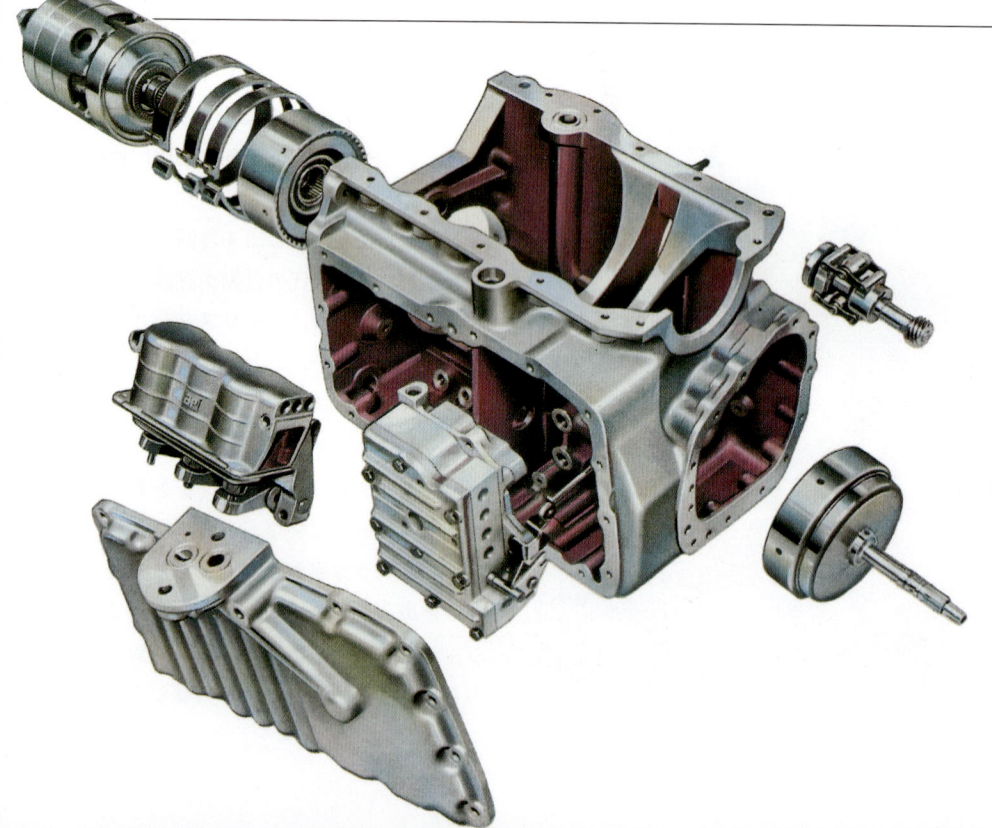

オートマティックも

ミニ・オートマティックが発表されたのは、1964年のロンドン・モーターショーだった。オートモーティヴ・プロダクト社製の4段オートマティック・トランスミッションのギアチェンジは、7つのポジションに分かれたクロームのセレクターを小さなレバーで操作する（下）。マニュアルでも操作可能。1967年からは998ccモデルにも採用された。

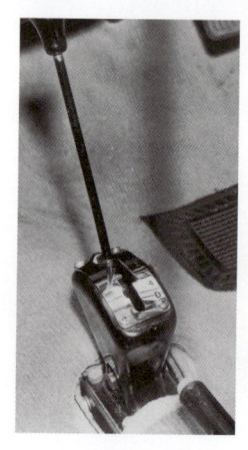 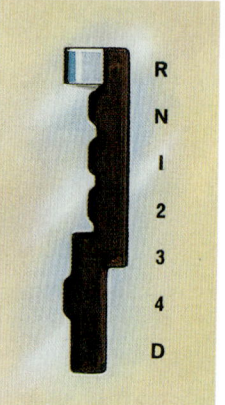

れていたものであり、この機会にカムシャフトも一新され、バンパーも変更を受けた（オーバーライダーとコーナーバーが装着された）。エンジンに火を入れるための操作はボタンではなくイグニッションキーとなり、ヒーターも新しくなった。

1959年から67年まで生産された最初のシリーズの総販売台数は（オースティンとモーリスを併せて）157万5756台で、67年にはMk.IIが発表となった。

混雑する街中でも速い
ミニの長所のひとつはハンドリングの良さにある。ラバーコーン・スプリングがその効果を挙げた。

サブフレーム
リアのトレーリングアームはサブフレームを介してボディに取りつけられている。

モーリス・ミニ・マイナー インプレッション

最初の女性

1960年3月号にはミニ・マイナーのテストが掲載されたが、同時に表紙を飾ったのもこのクルマだった。ミニと並んだのはリアナ・オルフェイ。この時代にデビューした多才なアーティストだ。またこの号では、ジュネーヴ・ショーに先駆けて出品車が紹介されている。下の写真は、右がモーリス、左はフィアット600。ミニに比べると600はモダーンさに欠け、また全高がミニより高いことがわかる。

850ccのエンジン——こんな小さなクルマにこの排気量が載るのは、少なくとも1950年代には珍しいことだった。正確には1959年12月21日、クアトロルオーテはモーリス・ミニ・マイナー（シャシーナンバー6420）を購入し、このクルマのテストを翌年の3月号に掲載した。

この小さな"イングリッシュ"のボディサイズは、当時もっともポピュラーだったフィアット600よりもまだ小さく、230mmあまり短い。しかし値段は99万5000リラと、この時代としては立派なもので（これは通関費用が

オドロキ！
ジャーナリストもテストドライバーも、誰もがBMCミニ850の性能、つまり活発なエンジン、ロードホールディング、燃費に驚かされた。クラスもサイズも大きいクルマと互角に戦うことができた（価格については輸入コストのおかげで高くなったため、比較することはできない）。改善の余地があったのは快適性のみだった。

エア不足

生産コストを抑えるために、ミニ・マイナーのサイドウィンドーはスライド式になっている。このため、夏場に（『クアトロルオーテ』に掲載されたデザイン画のように）エアを循環させるために使えるのは、このスライド式の窓とリアウィンドーのわずかなすき間だけということになる。また、スピードを上げるとすきま風が入るため、ヒーターが充分に機能しない点も問題だった。

かかったため）、フィアット1100のようなモダーンではないにしろ、上級クラスのクルマに匹敵する価格だった。ところがこの時期、ブリティッシュ・モーター・コーポレーションとイノチェンティの間で合意が成立し、ミラノでライセンス生産されることになっていたため、値段は大幅に安くなることが予想された。いずれにしても、ミニは経済的なクルマとして販売されていたわけだが、クアトロルオーテはミニを非常に高く評価した。そのサイズは街中の使用にぴったりで、なにより性能が光っていたからである。

「エンジンはトルクがあり、低回転でもよく粘る。パワーとウェイトのバランスが良く、高い制動力を備える。ただし、4速に入れたままだとスピードが落ちる」

燃費は上々で、さまざまなシーンでテストした結果、13～17km/ℓという数値を示した。

ミニのロードパフォーマンスについては全員の意見が一致している。

「ハイスピード時でもドライバーの望みどおりの動きをみせる。このクルマの特徴でもあるラバー・スプリングのおかげで、路面への追従性も良い。修正舵をあてる必要がない。唯一の難点は、ハイスピード・コーナー進入時にスロットルを緩めるとリアがアウトへ膨らむことだろう」

ギアボックスに関しては、このクルマのエンジンとのマッチングはさほど良くないとの評価で、ステアリングとブレーキについては言及されていない。

PERFORMANCES

最高速度	km/h	0—90	31.8
	118.8	停止—400m	—
燃費（4速コンスタント）		停止—1km	48.7
速度(km/h)	km/ℓ	追越加速（4速使用時）	
40	20.4	速度(km/h)	間(秒)
60	19.2	30—50	13.8
80	16.3	30—70	17.2
100	13.2	30—90	46.4
115	10.5	制動力	
発進加速		初速(km/h)	制動距離(m)
速度(km/h)	時間(秒)	40	9.0
0—20	1.7	60	23.0
0—40	5.8	80	42.0
0—60	12.4	100	70.0
0—80	22.6	110	93.0

どんどん進む
前輪駆動のおかげで"汚れた"道でもドライビングに問題が生じることはない。なによりツェッパが考案したバーフィールド製ジョイントを採用したことが大きい。20ページの表は、1960年3月に行なわれたテスト結果。

　このテストからおよそ1年後の1961年2月、クアトロルオーテはミニ・マイナーとライバル車（ルノー・ドーフィン、フィアット1100ヨーロッパ、フォード・アングリア、イノチェンティA40、パナールPL17、フォルクスワーゲン・タイプⅠビートル）との比較テストを行なっている。いずれもミニより大きなクルマばかりだが、基本的に1000cc程度の排気量と、価格が80万リラから120万リラ内であることを前提に選びだしたものだ。

　このテストの燃費の項目で、ミニはひとり勝ちした。ブレーキ性能、最高速度、加速と制動については真ん中あたりの成績となった。

　最小回転半径はもっとも小さかった（もっとも大きかったのはパナールで、このPL17の11.2mに対してミニは10.1m）。最終的に、居住空間の比較でミニは1位を獲得、イシゴニスによるプロジェクトの成功を証明したのだった。

モーリス・ミニ バン／ピックアップ 1960〜1983

エヴォリューション

ミニ・バンは1960年にデビュー。エンジンはオリジナルと同じ4気筒850cc。1961年2月にはオープンの荷台を備えたピックアップが登場。こちらのほうが荷物が多く積めたにもかかわらず、バンのほうが圧倒的にたくさん売れた。1967年10月、双方ともMk.II（右下写真）が販売開始となる。ユーザーの声に応えてエンジンは998ccに拡大された。右はバン／ピックアップともに商業車登録のために経済的であることを訴えるカタログの1ページ。

1960年代初頭、ミニは世界の主要マーケットにその姿を現わした。経済的な点もさることながら、多様な要素と高い実用性を備えた画期的なクルマ、それがミニだった。そうでなかったら、40年もの間、生き残ることはできなかったはずだ。レースの世界で活躍することもなかっただろうし、社会現象になることも、もちろんなかっただろう。

同時にミニには、買い物に行くとか、たくさんの荷物を積むといった日常の足としても使える、実用性の高いクルマとしてその能力を発揮することが望まれた。はじめのうちは、こんな要求に応えることは不可能のように思われた。VIPや淑女に愛されるクルマを仕事に使おうだなどと……。

しかし、ミニのプロジェクトは、カメレオンがその姿を変えるような柔軟性を持っていたため、バージョンを増やすことは難しくはなかった。なぜなら、プロトタイプ設計時に、すでに将来の派生車種を考慮して、メカニカル・トレーンはサブフレームを介してボディに取りつけられていたからである。つまり、このサブフレームをエンジン、ギアボックス、そしてサスペンションごと、別のプラットフォームに移せばいいというわけだ。

1960年、こうしてミニ・バンが生まれる。このバンは全長で250mm、ホイールベースは100mm延長され、装備はさらに省かれた。リアのサイドウィンドーは埋められ、テールゲートに小さなハッチが装着された。ミニ・バ

ンもまた、ノーマルのミニの剛性をしっかりと受け継ぎ、いや、むしろより丈夫にと、フロアパネルは補強され、バッテリーやスペアタイアの搭載位置が移動されている。最大積載量は250kgと設定され、荷物の積載を考慮して、リアにはノーマルのそれより硬いラバーコーン・スプリングを装備したため、空荷ではテールが上がり気味になった。

低いフロアもこのクルマの成功に大きく寄与した。イギリスでは多くの会社や法人が業務用にミニ・バンを導入、なかでもロイヤルメール（英国郵政省）やAA（オートモービル・アソシエーション。日本のJAFに相当）は一番の得意先で、イギリスの道を走りまわった。またコストの面で、商用車として扱われたために税制上乗用車より安かったことも、バンの大きな利点だった。このため、BMCはリアにふたりぶんのシートを確保できるキット（快適とはいいがたいものだったが）を販売して、個人ユーザーに便宜を図った。

バンの発売開始翌年の1961年、今度は同じプラットフォームを使用したピックアップが登場する。キャビンと荷台はフロントシートの後ろ側のパネルで仕切られ、後ろにフラットな荷台が付いた。オプションでスチール製のパイプ（骨組み）に被せるキャンバス地の幌が用意された（その後、標準仕様となる）。

1967年にはバン、ピックアップともに排気量が998ccに拡大され、生産は1983年まで続いた。販売台数はバンがおよそ52.1万台、ピックアップが6万台といわれる、この2台の存在が、後に革命的なオフロード、ミニ・モークの市場の基礎を創り出したといえるだろう。

商売繁盛
経済性とその走りっぷりから、業務用ミニは大ヒットとなった（街中で仕事に使うのにはまさにぴったりだった）。20年あまりの間に60万台を販売したが、そのうちピックアップ（上の写真、左のイラストは1960年代のもの）が占めたのは1割程度だった。

オースティン・セヴン・カントリーマン／モーリス・ミニ・トラベラー　1960〜1967

労働者階級に向けた質素なミニがミニ・バンなら、今度は上流階級の人々に向けて、同じプラットフォームを使ったエステートを企画したらどうだろう。たとえば、街中だけではなく、週末に田舎で使えるようなもので、犬を乗せてピクニックの準備をして向かうカントリーサイドに似合う、はたまた女性がショッピングのお供にするようなクルマ——。

この時代、ステーションワゴンの魅力に目覚めていたイギリスの若者が飛びつく、そんなクルマを提供できたら——。

BMCのエンジニアは大急ぎで仕事に取りかかった。さして難しい作業ではなかった。というのも、エステートは"窓つきのバン"であるからだ。しかし、製作時間（大部分はできあがっていたが）とコスト（わずかな予算しか残っていなかった）だけが問題だった。

サイズは基本的にバンと同じだが、ホイールベースをミニより110mm伸長し、キャビンと荷室を広くした。だが会社の上層部は、広さだけがセールス・ポイントでは"ファミリー版"ミニの成功には結びつかないだろうと考えた。エクステリアとそしてアクセサリーに豪華さも必要であると結論したのだ。

より広く
オースティン・セヴン・カントリーマン（左）とモーリス・ミニ・トラベラー（右）の違いはサルーン・バージョンのそれと同じ（グリルとバッヂ）。仕事やレジャーのためにより広いスペースを必要とする人々に向け、1960年3月に発表された。ボディに使用されたウッドが論争の的になった。

比較
セダンのミニの横に置かれたモーリス・ミニ・トラベラー。ルーフとホイールベースの長さが目につく。サイドビューはバンそのもの。大きいリアのサイドウィンドーはスライド式だ。

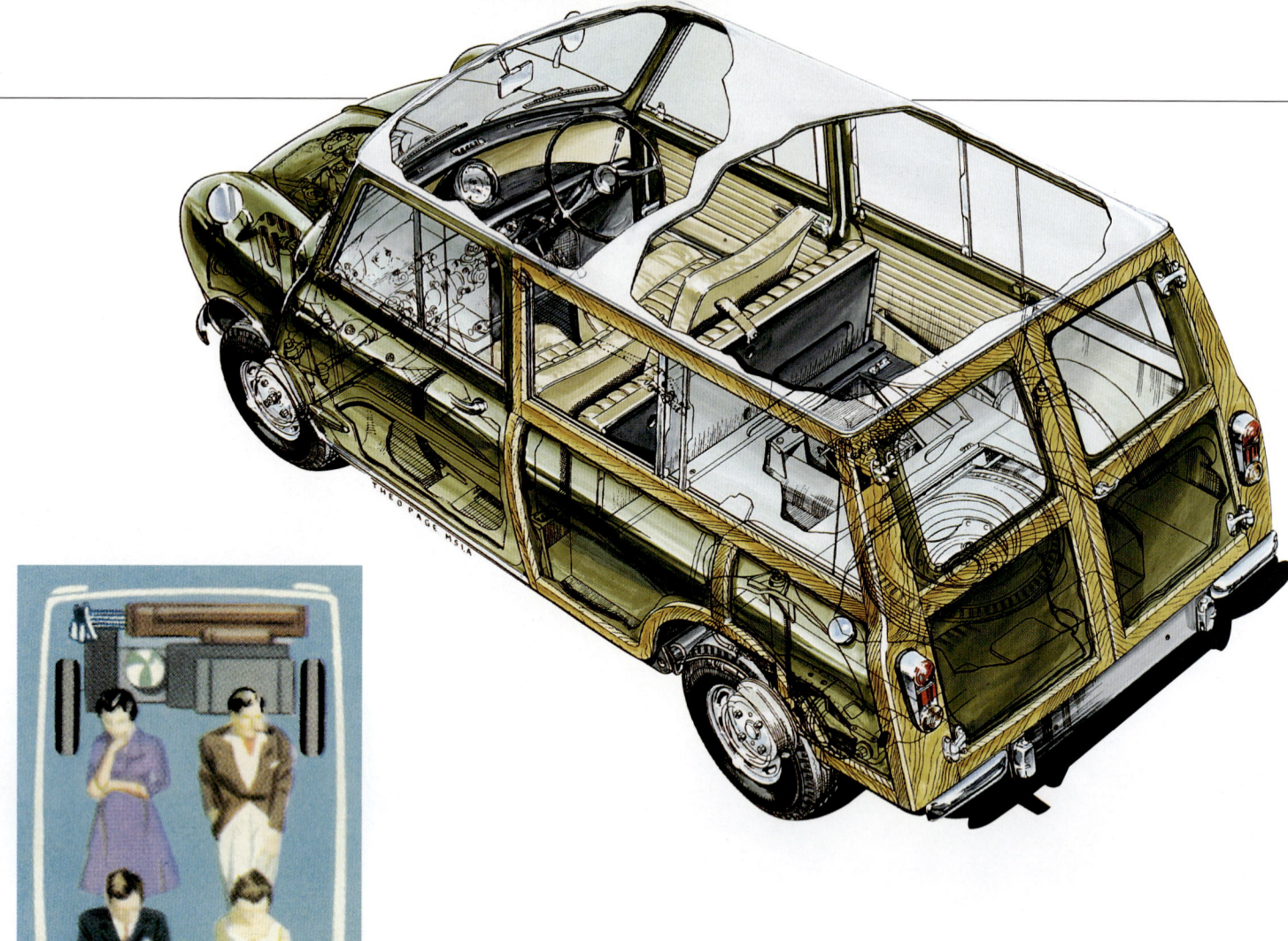

テクニカルデータ
モーリス・ミニ トラベラー（1960）

【エンジン】＊形式：直列4気筒／横置き ＊ボア×ストローク：62.9×68.3mm ＊総排気量：848cc 最高出力：34.5ps／5500rpm（DIN） ＊最大トルク：60Nm／2900rpm（DIN） ＊圧縮比：8.3：1 ＊タイミングシステム：OHV／2バルブ ＊燃料供給：SU HS2

【駆動系統】＊駆動方式：FWD ＊変速機：4段 ＊クラッチ：乾式単板 ＊タイア：5.20-10

【シャシー／ボディ】＊形式：モノコック／3ドア・ワゴン ＊乗車定員：4名 ＊サスペンション：（前）独立 ダブルウィッシュボーン／ラバーコーン，テレスコピック・ダンパー（後）独立 トレーリングアーム／ラバーコーン，テレスコピック・ダンパー ＊ブレーキ：ドラム ＊ステアリング：ラック・ピニオン

【寸法／重量】＊全長×全幅×全高：3300×1400×1360mm ＊ホイールベース：2140mm ＊トレッド：（前）1200mm（後）1160mm ＊車重：660kg

【性能】＊最高速度：約110km/h

透視図

上：ミニのエステートの透視図。メカニカル部分はサルーンと基本的に同じ。サスペンションについてはハイドロラスティックは採用されていない（より丈夫なラバーコーンが装着された）。左のイラストはキャビンの広さを示すもの。

重要視されたのは室内の装備だった。フロアカーペット、天井の内張、（ミニの弱点である空気の循環を考慮して）リアにはスライド式の窓が装着された。イギリス人の趣味を考慮した広範囲にわたる装飾には、デザイナーが力を入れすぎた感がある。本来ボディの構造材として用いられる木枠は、このエステートでは装飾だけのために採用され、滑稽ですらあるといえる。アレック・イシゴニスは「上辺だけのデモンストレーション」と嘆いたという。

ミニ・バンを"一般化"するためのモディファイによって重量が増し、性能に悪影響を及ぼした。最高速度はそのまま（約110km/h）ながら、加速は悪化した。それでも評判は悪くなかった。

ミニのエステートは1960年3月に発表される。オースティン・バージョンはまだセヴン

シンプル
ワゴンの室内装備はセダンと非常によく似ているが、いくつかはより洗練されたものに変更された。しかし、特徴的だったワイアー式のドアの開閉は残された。トラベラーのカタログのイラスト（下）が見せるように、トランク（中央）の広さは驚きものだ（少々誇張されてはいるが）。このドア開閉方法は便利にちがいない。

と呼ばれていたのだが、その後ろにA35やA40のワゴン仕様と同じく、カントリーマンという名が付けられた。モーリス・バージョンのほうはミニ・トラベラーと名づけられた。マスコミや一般人の間では、意見が真ふたつに分かれた。歓迎されたのはトランクとドアの開閉方法とその形で、両開きになることで荷物が積みやすいと好評を得る。否定的だった

のは多用されたウッドで、1962年にBMCはウッドフレームを外したカントリーマンとトラベラーを発表する。これは安価ながら、高い実用性、広いスペースを持ったエステートというコンセプトをダイレクトに表現したものだった。同時にサルーンに採用されたものと同様に、オートモーティヴ・プロダクトのオートマティック・トランスミッションもお目

ウッドフレームなし
初期のカントリーマンとトラベラーの特徴ともいえるウッドフレームは、すべてのユーザーに好意的に受け入れられたわけではなかった。そのため、1962年によりシンプルなバージョンが登場する（上はモーリス、右はオースティン）。トランク容量はリアシートの配置によって変わるが、450〜1020ℓ。奥行きは1210mm。

見えしたが、このオプションを搭載したカントリーマンもトラベラーもわずかだった。

1967年には改良を受けたが、1964年に他のモデルに導入されたハイドロラスティック・サスペンションがエステートに採用されることはなかった。エステートの使用形態を考えると、より頑丈な従来のラバーコーンのほうがふさわしいと判断されたためだろう。

さまざま
このページのモーリス・ミニ・トラベラーはデラックス仕様。イタリアでは1961年から、サルーンの35万5000リラ増しの135万リラで販売された。

ライレー・エルフ／ウーズレー・ホーネット 1961〜1969

ミニはすなわちイギリスである。これほど明確に、製品がそのまま伝統のしがらみにまみれた国そのものを意味する例はあまりない。現在でもミニをイギリスから切り離すのは難しい。古さと新しさの混合、シンプルながら実用性を備えたミニは、英国車の豪華でスポーティという伝説を打ち砕くものだった。

"メイド・イン・イングランド"の、頑なまでに伝統と深く結びついた人々を満足させるために、1961年にミニの派生車種としてライレー・エルフ（小さな妖精）とウーズレー・ホーネット（スズメバチ）が発売される。ヨーロッパ中で認められていたイギリス車のクォリティと、そしてこのミニのプロジェクトの柔軟性という強みを示すために誕生したクルマといえるだろう。エースを出しつつ、カジュアルなミニの魅力を生かす、ふたつの接点をいかに見いだすかが課題だった。

室内には、このふたつのブランドには欠かせない、ライレーとウーズレー・ユーザーが慣れ親しんだ革シートが採用されている。このシートよりさらに重要だったのは、ひとめでそれとわかるラジエター・グリル、テールフィン、そして後部に突き出したトランク、装飾類だった。これらはしかし、街中とカントリーサイドで使うために生まれたクルマを重々しくしただけだった。つまり、少なくとも外観を見るかぎり、ミニの革新的なエクステリアを退化させるものばかりだったのだ。

このふたつのブランドを思い出すために、話を少しさかのぼろう。

羊毛を刈る機械を製作する会社としてウーズレーが誕生したのはオーストラリアで、なんと1887年のことだった。1893年にイギリスに移住し、かのハーバート・オースティンの指揮のもと、2年後には自動車製造に乗りだす。ウーズレーのクルマは優雅さと高い性能が売りだったが、オースティンが自らの会社を設立するため退社したのち、ウーズレーは中級

伝統
ライレー・エルフとウーズレー・ホーネットのユーザーとミニのユーザーは、明らかに異なる。伝統を重んじるクラシックな嗜好の持ち主、品位のあるマテリアル、ウォールナットやレザーを愛する人々が、この2台の典型的なユーザーだった。左はエルフの室内で、ダッシュボード両端のグローブボックスが特徴。右はホーネットMk.Ⅲのもの。

出現
左のモデルの（ウーズレー・ホーネットより豪華なライレー・エルフの）グリルは、かつてのライレーのクルマたちを想起させる、フロントのワンポイントにはなっている。2台の"スペシャル"はバンパーとテールフィンも特徴（上）。2枚とも1960年代初めのもの。

テクニカルデータ
ウーズレー ホーネット Mk.III
（1967）

【エンジン】＊形式：直列4気筒／横置き ＊ボア×ストローク：64.6×76.2mm ＊総排気量：998cc ＊最高出力：38.5ps／5250rpm（DIN） ＊最大トルク：70Nm／2700rpm（DIN） ＊圧縮比：8.3：1 ＊タイミングシステム：OHV／2バルブ ＊燃料供給：SU HS2

【駆動系統】＊駆動方式：FWD ＊変速機：4段 クラッチ：乾式単板 ＊タイア：5.20-10

【シャシー／ボディ】＊形式：モノコック／2ドア・セダン ＊乗車定員：4名 ＊サスペンション：(前)独立 ダブルウィッシュボーン／ラバーコーン (後)独立 トレーリングアーム／ラバーコーン, ハイドロラスティック・システム（液圧式前後関連懸架） ＊ブレーキ：ドラム ＊ステアリング：ラック・ピニオン

【寸法／重量】＊全長×全幅×全高：3310×1410×1350mm ＊ホイールベース：2030mm ＊トレッド：(前)1210mm (後)1160mm ＊車重：640kg

【性能】＊最高速度：約125km/h

のツーリングカーの製造という平凡な道を歩むようになった。1927年、ウーズレーは倒産してモーリスに買収され、このときから豪華ブランドに姿を変えたのだ。

いっぽう、1900年代初頭に誕生したライレーは、スポーティに"近い"キャラクターのクルマを製作していたが、経営面では不安定な状態が続いていた。経営が安定するようになったのは1938年、ウィリアム・モーリスに拾われてからだ。この年、モーリスはナッフィールド子爵となっていた。モーリスが経営する企業グループの傘下になってから、ライレーのクルマにはあのグリルが装着されるようになり、ウーズレーよりちょっと上のブランドと位置づけられるようになった。

このふたつのブランドを併せたミニの派生車種がデビューした時代には、ウーズレーもライレーも過去の伝統にこだわる人には知られていたものの、大衆性には乏しかった。そういう意味で、エルフとホーネットに与えられた使命は決して容易なものではなかったはずだ。"スペシャル"バージョンを所有したいと願う人の心を揺さぶりつつ、時代に乗ったクルマとして、この（低い）レベルの、過去のブランドで魅きつけるやり方に興味をもたないクライアントをも振り向かせなければな

らなかった。

美的観点からいえば、ベスト・マッチとはいいがたいグリルを装着して、エルフとホーネットはデビューした。威厳のあるバンパーやクロームメッキ、テールフィン、外側上部に付いたトランクのヒンジによって"差別化"された。"そういうことに価値を見いだす人々"に向けてトランクスペースは大きくなった。室内には、レザー、ウォールナット、カーペット（ミニのフロアはラバーマットだった）が使用されている。より豪華な（ということはコストも高い）ライレーのダッシュボードの両端には、グローブボックスが装着された。

この2台はイギリスでまずまずの成功を収めた。1969年まで生産され、3シリーズ合計の販売台数はエルフが3万192台、ホーネットが2万8455台だった。

ルマンにて

ウィルツシャールはイギリス中央部に位置する地方で、1959年、実業家でレース好きでもあったジェム・マーシュと、エアロダイナミクスが専門のエンジニア、フランク・コスティンが組み、（ふたりの名前をあわせた）マーコス・カーを設立した場所だ。1961年、62年にレースで数々の勝利を獲得し、ミニがその名を広く知られるようになった65年、ふたりはグラスファイバー製のボディを製作してミニの中身を移植する。こうして誕生したのがミニ・マーコスだった。1966年のルマンで、このクルマは英国車として唯一完走を遂げる。これによって翌年の販売は大きく伸びることになった。しかし1970年、未来を思わせる新車、マンティスの製作によって、マーコス・カーは財政難に陥り、マーコスの行く末が危うくなったが、このプラスティック・ミニは新しいパートナーとともにマーシュが設立した会社で生産が続行されることになった。最終版のMk.Vは1991年日本からのリクエストで生産された。

押しの強さの証、それとも容量の問題？

スポーティ・バージョンも欠かすことはできなかった。1965年、マーコスGT850がデビュー。左の写真は1969年型。

下：1966年にルマン24時間に参加したマルナ／バローレナ組のもの。

下左：ミニが"豪華版"になった証ともいえる、容量の増したトランク。

32ページ上：ライレー・エルフの室内。レザーが使われたシート。下は双子のホーネットのカタログ。オートマティックも用意された。

ジョン・クーパー 1923〜2000

ファミリーの情熱
ジョン・クーパーがチューニングの魅力に"目覚めた"のは、ロンドン郊外サービトンに1935年、父親のチャールズ（左）が開いたガレージにおいてだった。1961年、バイフリートに場所を移し、ガレージは大きくなる。チャールズの死から3年後、ジョンはチーム・オーナーとなるが、成績に満足できなくなったことで出直しを決意。ワーシングの近く、フェリングにクーパー・ガレージをオープン（右側の写真）。ここでは息子のマイクと娘のサリー、サリーの夫、ミケランジェロがともに働いた。

　ミニの歴史における、かなり重要な1ページは、ジョン・クーパー（1923〜2000）によって開かれた。彼は、世界中のレースですばらしい成績をミニにもたらしたエンジンを創り出した魔術師だった。
　BMCの小さな大衆車を、名実ともに世界に知らしめたクーパー——このブランドが初めて登場したのはレーシングカーだった。1946年、クーパーは500ccのモーターサイクルのエンジン、JAPをドライバーの後方に搭載したシングルシーターを製作、サーキットに持ちこむ。このマシーンのサスペンションは前後とも、この時代、非常に進歩的と評価されていたフィアット・トポリーノのそれだった。ミドにエンジンを搭載する方法はまぎれもなくこの時代には新しいやり方だったが、元のチェーン駆動をそのまま活かせるうえ、コスト削減も可能にしたのだ。クーパーは強さを見せつけ、その速さは飛び抜けていた。特にスポーツ・カテゴリーと、当時、ステップアップするための良き練習台だったフォーミュラ・マイナーでの活躍には目を見張るものがあった。
　1949年、最初のレーシングカー、2気筒500ccのトライアンフ・エンジンをミドシップした2シーターが勝利するが、このマシーンは同年暮れ、1600ccのヴォクスホールに代わった。また、フォーミュラ2では1952年型クーパー・ブリストルが活躍する。このマシーンは出力150psを発揮する1971ccのエンジンを積んでいた。1956年には、クーパーはミドシップ・マシーン、41をF2レースに持ち込むが、コヴェントリー・クライマックスの1.5ℓエンジンが奏功し、他を圧倒する。1957年にクーパーが敗北を喫したのは、ランスでフェラーリに、ニュルブルクリンクでポルシェに先頭を譲った、この2回だけだった。

エンジンにDNAが宿る
ジョン・クーパーと、現在はジョン・クーパー・ワークスの責任者を務める息子のマイク。ワークスは2000年、BMW時代に突入したミニの仕事で復活した。

テール・トゥ・ノーズ

ランスで行なわれたフォーミュラ2グランプリ（1957年7月14日）は、3台の競り合いとなった。6気筒の新しいフェラーリに乗るモーリス・トランティニアン、クーパー・クライマックスのロイ・サルヴァドーリとジャック・ブラバム。最終的にフェラーリが勝利、サルヴァドーリは（トラブルに見舞われたものの）4位、ブラバムはピストンの故障でリタイアとなった。12台のクーパーが揃って速さを見せつけた。翌シーズンは13グランプリのうち、12レースを制覇。クーパー・チームのドライバーとしてこの年、ブルース・マクラーレン（下）がF1デビューを飾った。

1958年には12戦のグランプリで勝利する。これだけの勝利を収めながら、なぜ2ℓに拡大しないのだろう。これほどボディが軽量でハンドリングが優れていれば、F1でだって勝てるはずだ（規定排気量の最大は2.5ℓ）——。クーパーのマシーンは勝利のカードをすべて持ちあわせていた。コーナーやストレートが混在するサーキットで、362kgの車量と180psというパワーがライバルを圧倒したのだ。

F1プロジェクトでは、そのスポンサーに富豪、ロブ・ウォーカーを迎えた。これで1957年のモナコGP参戦準備が完了した。T43と名づけられた最初のクーパーF1のステアリングを握ったのは、後にコンストラクターとなる、かのジャック・ブラバムだった。最初の年にクーパーは、スピードではその存在を見せつ

けたものの、上位に食いこむことはなかった。コヴェントリー・クライマックスの2ℓユニットを搭載したT43が勝利するのは、1958年のアルゼンティンGPで、この時ステアリングを握ったのはスターリング・モスだった。

　1958年は実に幸運な年であった。モーリス・トランティニアンが存分に力をふるい、2015ccのエンジンを搭載したT43はモナコGPでも勝利を挙げる。翌シーズンには、ようやく2.5ℓに拡大したエンジン搭載モデル、T51が本領を発揮し、ジャック・ブラバムがワールドチャンピオンに輝いたのである。翌年とその次の年のレーシングマシーンはT53とネーミングされた。この成功により、フェラーリを含めたすべてのF1マシーンに、彼ら伝統のフロントエンジン、後輪駆動という技術の見直しを強いることになった。

　1961年、レギュレーションが変更され、最大排気量が1500ccとなる。シーズン序盤の成績は芳しいものではなかった。コヴェントリー・クライマックスのエンジンが、ポルシェやフェラーリのそれとくらべて古くなっていたせいでもあるだろう。ドイツGPでV8エンジンを載せたクーパーが登場したが、ブラバムは数周でリタイア、クーパーがF1で再び勝利するのは1966年まで待たねばならなかった。待望の勝利を得たドライバーはジョン・サーティースで、メキシコGPでのことだ。1967年にはペドロ・ロドリゲスが南アフリカ

ウィナーズ・ラン
1959年5月10日に開催された第17回モナコGPで、4気筒2.5ℓの新しいクーパー・クライマックスがデビュー。3台のシングルシーターのステアリングを握ったのは、ブルース・マクラーレン、マステン・グレゴリー、そしてジャック・ブラバム。優勝はブラバム（写真はウィナーズ・ランを行なうオーストラリア人のブラバム）。翌年はブラバムがワールド・ドライバーズ・タイトルを獲得。下の写真は（1959年7月16日）シルヴァーストーンで連続4度目の優勝を果たすシーン。

ふたつの世界

スターリング・モス（彼独特のドライビング・フォームでコーナーを行く）はT43を1958年1月19日のアルゼンティンGPで初優勝に導く。最後の勝利は、クーパー・マセラーティを操るペドロ・ロドリゲスの、1967年南アフリカGPでの優勝だった（下右）。クーパーは129レースに参加し、勝利は16回、11回ポールポジションを獲得、ファステスト・ラップを13回記録、表彰台に59回上がった。コンストラクター、ドライバー部門（ジャック・ブラバム）でそれぞれ2回、タイトルを獲得した。下左の写真は1963年のイタリアGP、ピットで作業を見守るジョン・クーパー。このときの勝者はロータスのジム・クラークだった。マクラーレンが駆ったクーパーは3位。同時にミニの活躍もジョンを喜ばせるものだった。中右の写真は1964年のモンテカルロ・ラリーで優勝したパディ・ホプカーク。

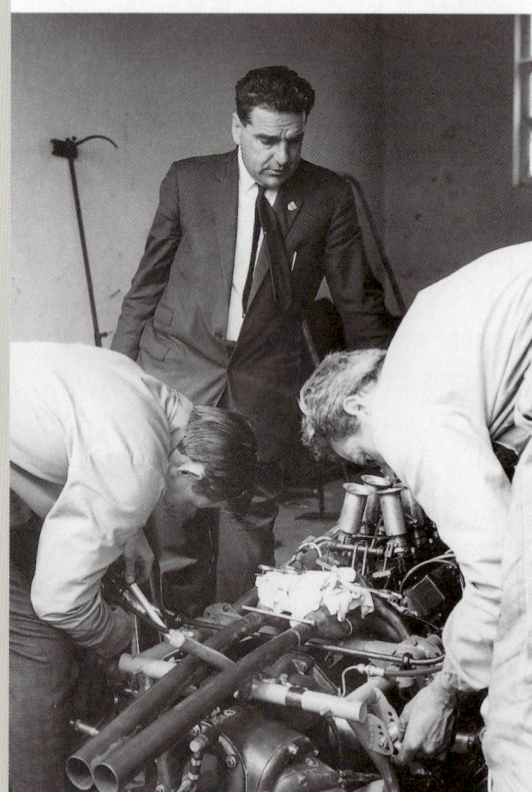

GPで優勝を果たした。

コンペティションの世界から引退したジョン・クーパーはウェスト・サセックスのイースト・プレストンでBMCのディーラーをオープンする。この時点でコンストラクターとしてのクーパーのキャリアは幕を下ろし、1969年から彼が世を去るまで、チューナーとして活躍し続けた。そして現在、ジョン・クーパーの名を冠したワークスは息子、マイクが引き継いでいる。

ジョンの情熱は父親からの"遺伝"といえるだろう。すでに1960年代初めには、ジョン・クーパーはプライベート・クライアントに向けてミニ850用（オースティンとモーリス）のチューンナップ・キットを販売していた。まさにこのキットからオースティン／モーリスのオフィシャル・チューンナップカー、ミニ・クーパーが生まれたのである。1961年のことだった。10年で終了したキット販売は、2000年、BMWによってクーパーJCWとして再び蘇ることになる。

マイク・クーパー：幼い頃の思い出

「私が覚えている最初のミニは白、1960年代初めに母が日常的に使っていたものです。その後の記憶としては、ある日、ミニで用足しに出かけたんですが、パトロール中の警察官に止められてしまった。それもそのはず、このとき使ったのは父がガレージに置いている、4台も5台もあるクーパーSの1台で、テスト用のクルマですから未登録、ナンバーがなかった」

こう語るのはジョンの息子、マイク・クーパー（写真）で、現在、彼はニュー・ミニ用のオフィシャル改造キットを製作するジョン・クーパー・ワークスを率いる。

「小さい頃は父が重要な仕事をしているなんて思ってもいませんでした（父が1959年にF1でタイトルを獲得したときには、まだ5歳でしたから）。父が世界中から持ち帰ったさまざまな土産と、ラリーでミニが勝利するといつもみんなで祝った、記憶にあるのはこのふたつくらいでしょうか。私のベッドでお客さんが眠ることになって、あるとき、私は両親の寝室に行ったのですが、そこで彼らは映画を観ていた。テレビで西部劇をね。その画面に映っていたのは、なんと私がベッドを譲ることになった人、スティーヴ・マックィーンでした」

3人の子供のうち、唯一の男の子であるマイクが12歳になると、ジョンは彼をチームの短い遠征に連れていくようになる。

「エンツォ・フェラーリとの出会いは忘れられないものです。モンツァのサーキットで、予選の日だった。このときはマウロ・フォルギエーリやアウレリオ・ランプレディとも知り合いました。ニュルブルクリンクでミニを見た日のことも忘れられない思い出です」

マイクと父の関係はすばらしいものだった。息子は父親のひらめきに憧れを抱いた。

「F1マシーンのエンジンをミドシップにするというアイデアも、本当に革新的だった。父は1959年のあの日、クーパーがF1最高峰に昇りつめた日のことをよく語ったものです。父はエンツォ・フェラーリにミドに置かないかと尋ねたそうです。フェラーリはきっぱりとこう答えた。あり得ないと。しかし実際には考え直さなければならなくなったわけで……」

「父からは実に多くのことを学びました。運転を教えてくれたのも父です。ミニ・クーパーを使ってね」

こんなにも刺激的な環境で育った若きマイクが大学で機械工学を学ぶことは、ごく自然なことだった。1972年、彼はファミリーカンパニーで働きはじめる。

「父の傍らで2000年に彼が亡くなるまで、一緒に仕事をしました。1980年代にローバーの協力をうけてジョン・クーパー・ワークスを設立。その後、ミニがBMWになってからはわれわれの経験が認められ、ニュー・ミニのプロジェクトでは最初からプロトタイプ製作まで参加したのです。2002年からはニューモデルのチューニング・キットを製作、それは現在も続いています」

オースティン／モーリス ミニ・クーパー 1961〜1967

　ジョン・クーパーはBMCのニューカーに、即座に興味を抱いた。プロの目がミニに潜在的なスポーツカー魂を認めたのだ。

　小さく、扱いやすく、ハンドリングに富む。あと少しの馬力があれば、標準モデルと同様にヒット商品になるばかりでなく、コーリン・チャプマンのロータス・エランとサーキットで互角に戦うことができると彼は考えた。この時代、イギリスではモータースポーツが根づき、多くのファンが存在していた。

　クーパーは多くの優秀なスタッフを抱え、製品をハイレベルに引き上げる技術を持っていた。レースで使用するために問題となる点を解決するだけの力があったのだ。ジョンは同時に、フォーミュラ・ジュニアに使用していたBMCのAタイプ・エンジンを熟知していた。ロッキードがディスクブレーキを供給することも確実だった。ギアボックスに詳しいスタッフが、ノーマル・ミニのそれを見直すだろう。こういった要素に、しかし、心を動かされない人間がひとりいた。自身の"創造物"がスポーツカーになることに、イシゴニスは懐疑的だったのだ。彼はミニを労働者の要求に応えて設計したのであって、スピード狂のために造ったのではないという信念を持っていた。

　しかし、反対ではあったものの、イシゴニスはこのプロジェクトを邪魔するようなことはなく、それどころか、イシゴニスは直接ジョン・クーパーに、レオナード・ロード卿に

すぐにそれとわかる
モーリスとオースティンのクーパー・バージョンは、ルーフがボディと異なるカラーにペイントされている。双方ともノーマルとデラックスの2グレードが用意された。このページの写真はモーリス版のミニ・クーパー。イタリアのコレクターが所有するもの。

Passione Auto • **Quattroruote** 41

ショート・レバー

クーパーのシフトレバーは、850の長くストレートなタイプから短いものに替わり、スポーティな雰囲気を醸し出している。室内はこのレバーのほか、ダッシュボードのメーターパネルが楕円形になったことが、大きな変更点だ。なかには水温計、油圧計が配置されている。レヴカウンターがないのは不思議だ。トランクリッドを開けたまま、荷物満載でも走行できるよう、ナンバーは上端だけが固定され、角度が変えられる（詳細は右上の写真）。

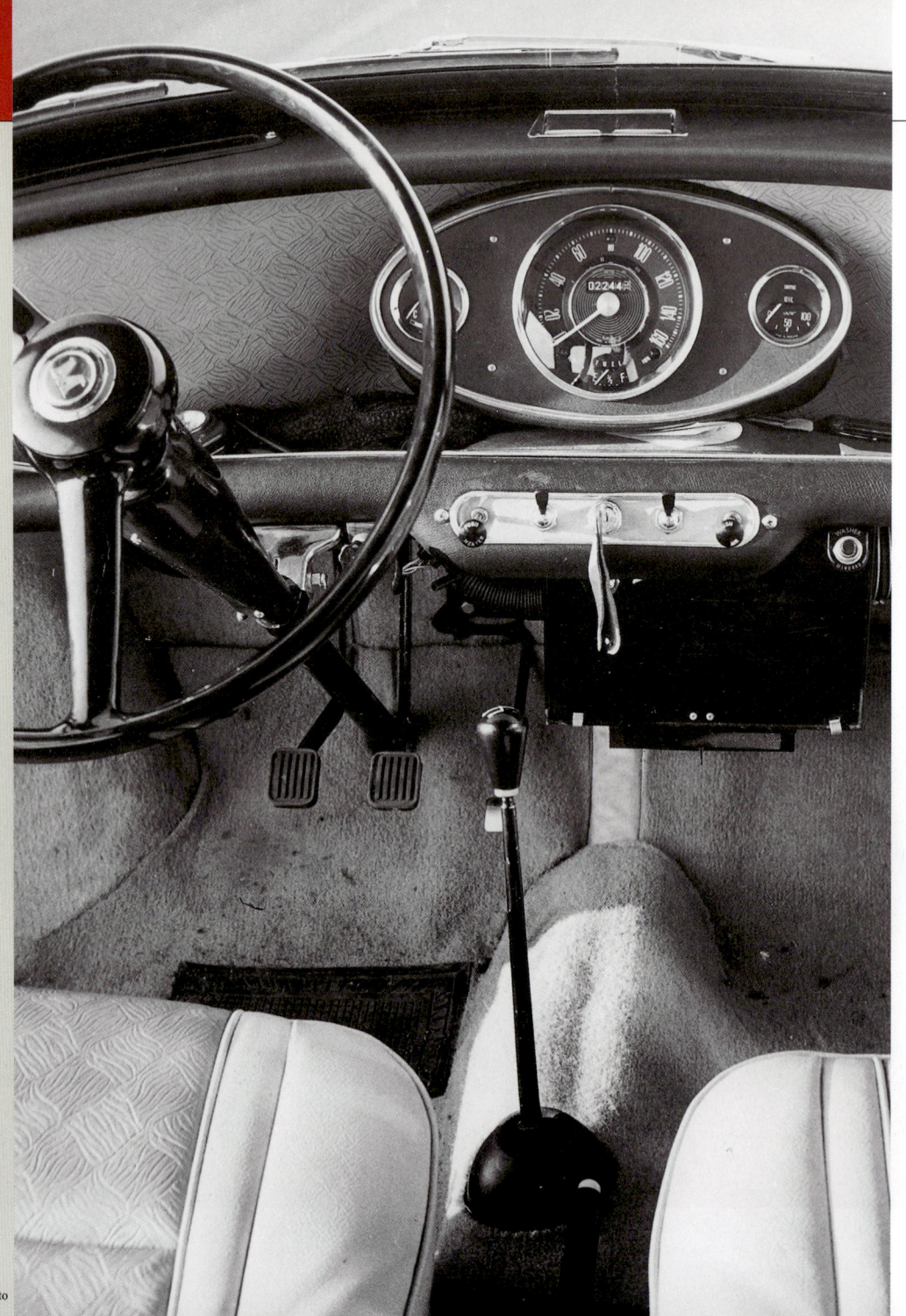

代わって1961年から社長となったジョージ・ハリマンを訪ねるよう、アドバイスを与えたという。この話が本当だったかどうかはわからない。いずれにしても、ふたりの話し合いは順調に進み、プロジェクトの実現が決定したのだった。

ジョン・クーパーはミニの848cc Aタイプ・エンジンをベースに、ストロークを81.3mmに延長、逆にボアは62.4mmに抑え、997ccにスケールアップし、SUのキャブレターを2基に増やした。4気筒エンジンの最高出力は54ps（DIN）／5700rpmとなり、性能ももちろん向上し、最高速度はこれまでの115km/hを大きく超えて145km/hにまで達した。ピストンクラウンをドーム状のオースティン・ヒーレーに採用されたタイプのものに変更し、圧縮比を9：1とした。フロントのドラムブレーキはロッキード製ディスクブレーキに替わった。

42 Quattroruote • Passione Auto

室内については特にスポーティさが強調されることはなく、ブリティッシュ・スタイルが重視されている。シートとカーペットが変更されたほか、ミニのキャラクターのひとつだった、紐を引くタイプのドア・リリースに代わってレバータイプが採用された。サイドウィンドーは開閉可能となり、ダッシュボードには黒い楕円形のメーターパネルに収められた3つのメーターが備わった。スピードメーターは100マイルまで刻まれている。クロームメッキのトリムは室内からエクステリアにまで及び、ルーフはボディとコントラストをなすカラーで塗装された。

ミニ・クーパーのデビューは1961年9月、オースティンとモーリスの2ブランドで発売された。3年あまりで2万5000台を販売したが、この数字は、ジョン・クーパーがうまくいけばこのくらい売れるだろうと考えていた台数

マスク
オースティン（左）とモーリス（上）の違いはクーパーでもわずかだ。エンブレムのほか、グリルのデザインが異なる。エンブレムの裏側に控えるエンジンは、34.5psから54.0psにアップされた。

Passione Auto • **Quattroruote** 43

テクニカルデータ
オースティン ミニ・クーパー（1961）

【エンジン】＊形式：直列4気筒／横置き ＊ボア×ストローク：62.4×81.3mm ＊総排気量：997cc ＊最高出力：54.0ps/5700rpm（DIN）＊最大トルク：74Nm/3600rpm（DIN）＊圧縮比：9.0：1 ＊タイミングシステム：OHV／2バルブ ＊燃料供給：SU HS2 2基

【駆動系統】＊駆動方式：FWD ＊変速機：4段 ＊クラッチ：乾式単板 ＊タイア：5.20-10

【シャシー／ボディ】＊形式：モノコック／2ドア・セダン ＊乗車定員：4名 ＊サスペンション：（前）独立 ダブルウィッシュボーン／ラバーコーン，テレスコピック・ダンパー（後）独立 トレーリングアーム／ラバーコーン，テレスコピック・ダンパー ＊ブレーキ：（前）ディスク（後）ドラム ＊ステアリング：ラック・ピニオン

【寸法／重量】＊全長×全幅×全高：3050×1400×1340mm ＊ホイールベース：2030mm ＊トレッド：（前）1200mm（後）1160mm ＊車重：635kg

【性能】＊最高速度：145km/h

のはるかに上をいくものだった（クーパーにはロイヤリティが支払われることになっていた）。彼は販売台数が1000台を超えることはないだろうと予測していたのだ。

発表から数ヵ月後、『クアトロルオーテ』では短いドライビング・インプレッションを掲載している。

「このクルマ（オースティン・ミニ・クーパー）はエクステリア、インテリアともに、ノーマル・バージョンよりずっと仕上がりがいい。動きはキビキビとしたもので、前輪駆動の良さをさらに引き出している。ミニのウィークポイントであったブレーキも改良されてよくなったが、ブレーキングの際に"口笛をふく"ような音がするのは問題だ。ヒール・アンド・トゥもしやすい。サスペンションはスポーツカーそのものだ」

1964年1月には初の改良を受け、997ccのエンジンはライレー・エルフとウーズレー・ホーネットMk.IIの998ccとなったが、パワーに変更はない。また、ラジアルタイアが標準装備となった。

この年の9月、クーパーにもハイドロラスティック・サスペンションが採用された。1967年にはセカンド・シリーズの発売がスタートし、Mk.IIと命名された。

チューリップ・ラリーで初勝利

小さくて速く、扱いやすい——。ミニはこの特徴をレースでも存分に発揮して活躍した。なんといってもラリーステージおいては顕著だった。1960年代、この小さなBMCはまさにレースの主人公といえた。多くのオフィシャル／プライベート・ドライバーがクーパーを選んだが、なかでも光っていたのはスターリング・モスの妹のパットと、ラウノ・アルトーネンだった。

パットはレースを始めてすぐに頭角を現わし、ドライバーとしての才能を見せつけた。アン・ウィスダムと組んで出場した1962年のモンテカルロ・ラリーで女性賞を受賞したほか、この年のチューリップ・ラリーでは1位を獲得。ミニ・クーパーに、初の女性ドライバーによる優勝をプレゼントした。もっとも話題になったのは1938年生まれのフィンランド人ドライバー、ラウノ・アルトーネンだろう。1961年に国内チャンピオンとなった彼は、2年後にBMCワークスチームに入り、1964年に初勝利。難関といわれるリエージュ—ソフィアー—リエージュをオースティン・ヒーレー3000で制覇したのだった。彼の名が知られるようになったのは1965年で、この年から彼はミニ・クーパーのドライバーとなったのだが、ジュネーヴ、チェコスロバキア、ポーランドのラリーを制覇する。さらに1966年のチューリップ・ラリーでも優勝を飾った。もっとも重要な勝利は1967年にやってくる。かのモンテカルロ・ラリー（クルマはミニ・クーパーS、これについては別章で述べる）を制覇した彼はBMCチームの頂点に立ったのだった。

彼はドライビングの研究に熱心で、文字どおり、ミニをよく飛ばした。これに気づいたイシゴニスは、ある朝、彼の"ハンドブレーキ"テクニック、すなわちクーパー独特の挙動を体験しようと（コーナーの進入口からコーナーの出口にかけて、右足でスロットルを踏んだまま、サイドブレーキを短く、しかし思いきり引く。すると後輪が一瞬ロックする。そこでステアリングを操作すると後輪はアウト側に向かって滑り、車体は横向きになる。そのときにステアリングを望む方向に向け、そのままスロットルを開け、前輪の駆動力でコーナーを抜けるというテクニック）、アルトーネンの横に座った。タイアの空気圧をマキシマムに、ストレートをウェット状態に——。こうして滑りやすい状況を用意すれば準備完了だった。

テストが開始された。速度が最高に達したところでアルトーネンは車体を180度回転させ、逆向きのまま少し走り、クルマの向きを180度ひねって元に戻す。進むべき方向にクルマの鼻先が向いた。今度はイシゴニスがステアリングを握る番だ。もちろん彼は成功した。

女性ドライバー
F1ドライバーのスターリング・モスの妹で、後にスウェーデンのラリー・ドライバー、エリック・カールソンの妻になるパットが、アン・ウィスダムと組んで出場した1962年のチューリップ・ラリーを制覇。クルマはアビントンのコンペティション担当の部門で準備されたミニ・クーパーだった（写真はチェックポイントでのもの）。レースでは速く扱いやすいクーパーの活躍が目立った。この年1月の、ラウノ・アルトーネンが優勝したモンテカルロ・ラリーで、モス／ウィスダム組は女性賞を獲得した。

オースティン／モーリス ミニ・クーパーS 1963〜1971

ミニ・クーパーはドライビング・プレジャーに溢れたクルマだった。もっとも、スポーティな感覚を与えることは確かだったが、それは最高位のスポーティ感ではなかった。それは、ラリーで満足のいく成績は残していたものの、ライバルを引き離すというところまでは至っていなかったことでもわかる。

ブレーキはノーマルのドラムよりずっと優れてはいたものの、完璧といえる域にはまだ到達していなかった。単刀直入にいえば、勝利を重ねるためにはミニ・クーパーはもっとタフになる必要があったのだ。

スポーツ部門の若きディレクター、スチュワート・ターナーが、排気量を拡大したらさらにコンペティティブにできないものかと尋ねると、やってみようじゃないかと答えが返ってきた。エンジンの規定排気量は1ℓ、もしくは1.3ℓだったが、1.1ℓに決定した。

最初のバージョン、1071Sが登場したのは1963年3月のことだ。準備はロングブリッジで進められ、ハイレベルの技術を備えた高品質のクルマに仕上がった。クランクシャフトは鍛造スチール製で、バルブは飛行機に使用されるニッケルベースの合金製が採用された。車重は640kgにすぎず、出力68ps（DIN）が高性能を約束した。ブレーキにはようやくサーボ・ユニットが装備された。ステアリングの味つけはスポーティそのものに仕上げられた。また、オプションで燃料タンクをもうひとつ増やすことができた。

ターナーは6月、アルペン・ラリーにクーパーSを持ち込みテストする。ドライバーはラウノ・アルトーネンで、当時の彼はツーリング・カテゴリーのテストを担当していた。その後のクーパーSの活躍を考えれば、このラリーでの活躍は始まりにすぎなかった。

さて1964年3月、新たに2バージョンが発表された。飛びぬけてショートストローク（1ℓクラスのホモロゲーションを取るため）のエンジンを積んだ970Sと、ロングストロークの1275Sである。この年の8月には1071Sの生産が終わり、翌9月、ハイドロラスティック・サスペンションが採用された（この技術については68ページを参照）。1965年1月、970Sの生産が終了、カタログにその名を残したクーパーSは1275Sのみとなったが、このクルマは

わずかな変更
Sの室内はほかのクーパーとほとんど同じ。唯一の違いはキルティングのシートとヒーター。

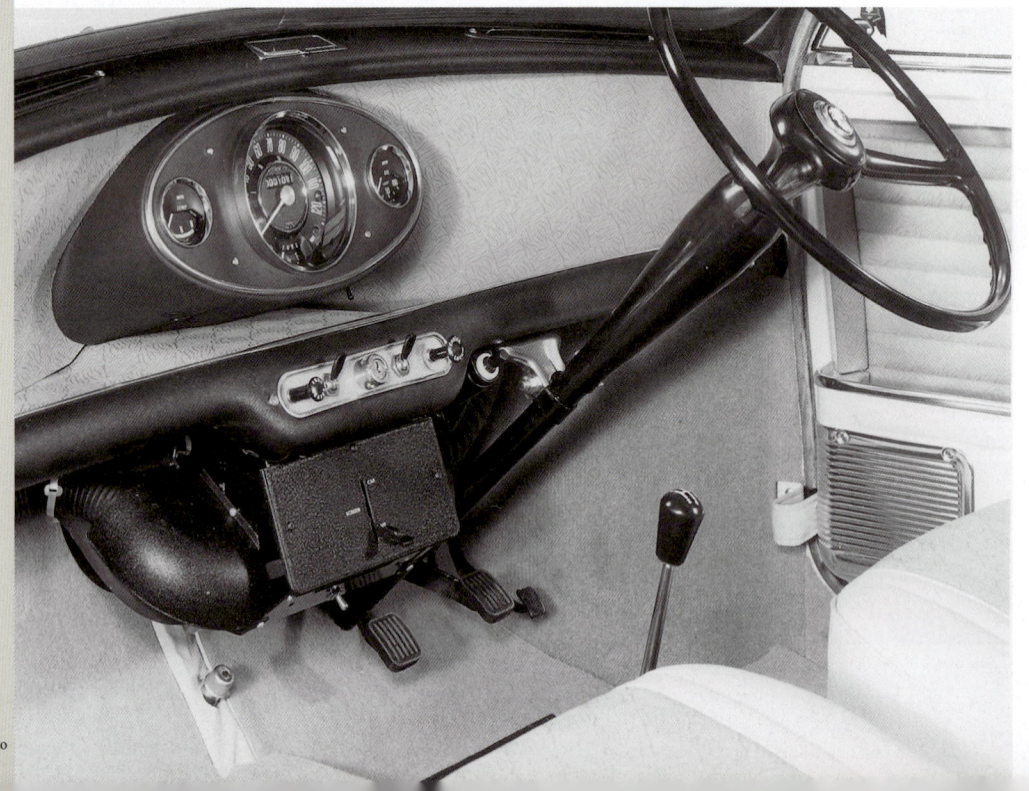

小さな宝石
ミニ・クーパーSも、またすぐに評判となった。ベースモデルより60％増の価格に文句をいうファンはいなかった。ルーフをボディと異なるカラーにペイントしたクーパーと同じく、Sも2色に塗り分けられた。写真はクアトロルオーテのテストに使われたオースティン。

テクニカルデータ
オースティン ミニ・クーパーS（1963）

【エンジン】＊形式：直列4気筒／横置き ＊ボア×ストローク：70.6×68.3mm ＊総排気量：1071cc ＊最高出力：68.0ps／5700rpm（DIN） ＊最大トルク：84Nm／4500rpm（DIN） ＊圧縮比：9.0：1 ＊タイミングシステム：OHV／2バルブ ＊燃料供給：SU HS2 2基

【駆動系統】＊駆動方式：FWD ＊変速機：4段 ＊クラッチ：乾式単板 ＊タイヤ：145-10

【シャシー／ボディ】＊形式：モノコック／2ドア・セダン ＊乗車定員：4名 ＊サスペンション：（前）独立 ダブルウィッシュボーン／ラバーコーン，テレスコピック・ダンパー （後）独立 トレーリングアーム／ラバーコーン，テレスコピック・ダンパー ＊ブレーキ：（前）ディスク／サーボ （後）ドラム／サーボ ＊ステアリング：ラック・ピニオン

【寸法／重量】＊全長×全幅×全高：3050×1400×1340mm ＊ホイールベース：2030mm ＊トレッド：（前）1230mm （後）1200mm ＊車重：640kg

【性能】＊最高速度：155km/h

ツイン・エンジン

左はツイン・エンジンを搭載した四輪駆動モデルの透視図。プロトタイプが3台製作され、そのうちの1台は1963年のタルガフローリオに参加した（下）。

三つ子

ポピュラーなミニを使い、とても革新的な技術実験が行なわれた。ツイン・エンジン搭載の四輪駆動車が生み出されたのである。1963年のことだった。ツイン・ミニと呼ばれたこのモデルは3台のみ製作されたが、誕生順に並べると、1台目はスペシャルカーのコンストラクターであり、またF1ドライバーでもあったポール・エメリーが手掛けた。850のエンジンを（フロントとリアに）2基搭載、燃料供給は同じく2基のキャブレターによって行なわれた。

2台目のツイン・ミニはジョン・クーパーの手による。フロントに84psの1098ccエンジンを、リアに98psの1220ccエンジンを搭載し、最高速度は220km/hを記録した。

3台目はBMC製作のオフィシャル・バージョンで、エンジンは2基とも997ccである。2ℓGTクラスのホモロゲーション取得のために、100台ほどの生産が行なわれる可能性が云々されたが、最終的には実現には至らなかった。最終決断がなされる前に、ツイン・ミニは1963年のタルガフローリオに参加した。

1967年10月に改良を受け、セカンド・シリーズ（Mk.Ⅱ）となった。

1968年は、ミニの歴史上、重要な年だった。ブリティッシュ・モーター・コーポレーションがブリティッシュ・レイランドに買収されたのである。社長のサー・ドナルド・ストークスはあっという間に、BMCの名声を築きあげた技術者を解雇した。最初に解雇されたのはミニの関係者で、イシゴニスもそのひとりだった。

1969年にはオースティンとモーリスの名前が姿を消し、ミニだけが残った。これによってミニは車名からブランド名に変わったのだった。1970年3月、クーパーのなかで唯一、生産されていたクーパーS1.3がモディファイを受け、ADO20（Mk.Ⅲ）となる。この改良によって、サイドウィンドーが上下開閉式になった。

1971年、ドナルド・ストークスはジョン・クーパーとの関係に終止符を打つ。7月にはついにクーパーSの生産が終了された（クーパーというブランド名はイノチェンティ・ミニのスポーツ・バージョンに残る）。そして2年後には、スポーツ部門が閉鎖された。

サーキットにて
上：シルヴァーストーンで行なわれたレースに参加したミニ・クーパーS。

下：1967年のモーリス・クーパーS Mk.Ⅱ。赤い大きな文字、Sと記されたエンブレム（上）が装着された。

Passione Auto • Quattroruote 49

オースティン・ミニ・クーパーS インプレッション

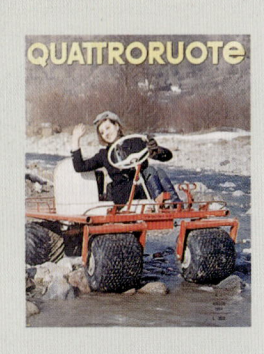

ミニ850のテストからちょうど3年後の1964年3月、『クアトロルオーテ』はミニ・クーパーS（オースティン・バージョン）のロードテストを掲載した。

ドライビング・プレジャーにあふれた小型車で楽しみたいというイタリアのファンが、待ち望んだクルマだった。この時代、もっとも生産台数の多かった英国車がミニで、合計生産台数は80万台、そのうち2万8000台がクーパー、もしくはクーパーSであった。商業的に大成功を収めていたといえる。

クーパーSの評価はノーマル・バージョン同様、とても好意的なものだった。ノーマル・バージョンとの違いは、エクステリアではフロントとリアのエンブレムにみられ、タイアはダンロップSPが装着されている。インテリアはより丹念に仕上げられており、スイッチ類とヒーターが一新された。ただし、相変わらずレヴカウンターは見当たらない。

路上でのクーパーSは、我々の期待に100％応えてくれた。「最高速度はメーカーが発表した数値より低かったが、瞬発力は抜群、制動力もいい。エンジンのパワーのおかげだろうが、ワインディングロードも軽快に走れる。スタビリティも高い。シフトに改良の余地が残されてはいるものの、ペダルはヒール・アンド・トゥがしやすい配置だ」

燃費は最低で7ℓ、最高では13ℓ／100kmを記録した。エンジン関係では、オイルの消費が目立つのだが（1200〜1500g／100km）、おそらくクリアランスが大きいのだろう。すでに述べたとおり、スタビリティはとてもいい。「ただし、タイトなコーナーではスロットルの扱いに注意が必要で、低いギアで進入することを忘れないようにしなければならない。ストレートではハイスピード時でもロードホールディングが抜群。どんなドライビング・スタイルにも適応できる、このクルマの懐の広さには驚かされる」

ステアリングは正確だ。サーボ付きのブレーキもいい。最後に付け加えるなら、「クーパーSで存分に走るには、エキスパート級のドライビング・テクニックが必要で、初心者は注意を要する」

アメリカのネズミ

1964年の『クアトロルオーテ』の表紙は"デザート・ラット"と名づけられた奇妙な乗り物で、すでにアメリカで販売されていたものだ。オースティン・ミニ・クーパーSの他、ランチア・フルヴィア1.8とシトロエン・アミ6のテストが掲載されている。「オートニュース」のページにはジュネーヴ・ショーの出品車が並んだ。

PERFORMANCES

最高速度	km/h
	150.470

燃費(4速コンスタント)

速度 (km/h)	km/ℓ
40	16.0
60	14.8
80	15.2
100	13.6
120	10.5
140	7.0

発進加速

速度 (km/h)	時間 (秒)
0−40	2.9
0−60	5.6
0−80	9.0
0−100	14.3
0−120	22.4
停止−400m	—
停止−1km	36.2

追越加速(4速使用時)

速度 (km/h)	時間 (秒)
40−60	6.4
40−80	12.4
40−100	19.1
40−120	30.0

エアメール

テスト車のミニ・クーパーSは、クアトロルオーテにイギリスから直接"郵送"された。メーカーとイタリアのインポーター、SIDAの協力によるものだった。1964年当時の車輌価格は175万リラと、高いクルマだった。

ラリーでのミニ 1962〜1968

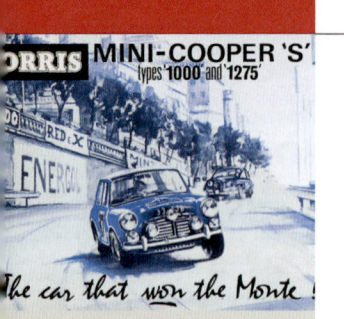

1960年代、一般の人々のラリーへの興味は高かった。ファンは公道でクルマとドライバーが戦う姿に熱狂し、メーカーはレースによってもたらされるダイレクトな販売効果に期待した。

ミニ・クーパーが主役となった初めてのレースは、オフィシャルなものではなく非公開イベントで、チョブハム（イギリス）でマスコミ向け発表会を利用して行なわれた自動車ジャーナリスト対抗レースだった。そのレースに優勝したのはポール・フレールで、彼はジャーナリストであり、同時にフェラーリのドライバーでもあり、そしてランスの12時間耐久レースのウィナーである（彼のクーパーSの1964年のモンテカルロでのインプレッションは57ページに掲載）。この"同業"対決のレースがミニの高いポテンシャルを見せるものだったとすれば、イシゴニスによるプロジェクトがいかに優れたものであったことを人々に確認させたのは、1962年のモンテカルロ・ラリーだろう。このラリーでミニはすばらしい活躍をみせたのだった。

ラリーの1年前に発表されたクーパーは2台あり、1台はモンテカルロでパット・モスとアン・ウィスダムの手に託され、ふたりは女性賞を獲得した。もう1台はまったく無名だったスカンディナビア出身のドライバー、ラウノ・アルトーネンがステアリングを握ったが、ジェフ・マップスと組んだ彼は、チュリニ峠でクラッシュして優勝こそ逃したものの、それまでエリック・カールソンのサーブを追って2番手に付ける活躍をみせた。

まさに伝説の始まりだった。多くの勝利のなかでもっとも印象的な優勝を成し遂げたのは、RACラリーとチューリップ・ラリーだったといえよう。いっぽう、ミニというクルマの特性に適合しているうえに有名とくれば、文句なくモンテカルロ・ラリーが挙げられる。

最初の勝利

1962年、ミニはモンテカルロ・ラリーで女性賞を獲得するが、モンテカルロ・ラリーで公式に勝利したのは1964年のことだった（上は勝利を謳うポスター）。BMCチームのミニ・クーパーは予選時、少なかった雪の量と小排気量というハンディキャップに助けられて、優位に立った。ホプカーク／リドン組のミニ（1071cc／85ps／車重800kg）は、ユングフェルド／サジャー組がステアリングを握る大パワーのフォード・ファルコン（4727cc／275ps／1550kg）と互角に闘い、勝利した。

チームの勝利

30台あまりの参加車輌がモンテカルロへの9つのルートを行く。BMC軍団は3台をトップ10に入れた。ホプカークのミニ・クーパーSが勝利（ミンスクからスタート）。（パリからスタートした）マキネンは4位、7位に入ったのはアルトーネン（オスロから）。ベルファーストで自動車関連の店を営むパディ・ホプカークのラリー・デビューは、1956年、ノーマル仕様のトライアンフだった。その後、ロータスに移籍、1962年にモンテカルロ・ラリーで3位入賞。この年、BMCのチームに移る。

無鉄砲なフィンランド人

1965年のモンテカルロ・ラリー。雪と氷がクーパー1275Sを追い立てる。ドライバーは厳しい気候条件に慣れた北欧人、ナビゲーターは慎重なイギリス人で、彼はドライバーが休むときには運転を代わることもできる。この体制が優勝を約束したようなものだった。ティモ・マキネン/ポール・イースター組のミニは、リライアビリティ・ランを無失点でゴールした唯一の参加車輌だった。おしゃべりなヘビースモーカー、マキネンのドライビング・スタイルは勇壮というより無鉄砲そのもので、その秘密はというと、右足でスロットルを踏み、左足でブレーキングするというものだった。これによって、第34回モンテカルロ・ラリーでは11回のタイムアタック中、トップを7度奪った。

モンテカルロ・ラリーにおける"クーパーS時代"は1964年に始まる。この年、パディ・ホプカークは、BMCチームでもっとも優秀なナビゲーターのひとり、ヘンリー・リドンと組んでミンスクをスタートしたが、ゴールまでの道のりはたやすいものではなかった。ソ連の道は凍り、不安定な天候が続いた。ラリー中盤では、一方通行を逆走したとして、フランスの警官から停止を命じられることもあった。

ランス-モンテカルロ間、132kmのスペシャル・ステージ後、ホプカークはカールソンのサーブに31ポイントの差をつけてモンテカルロに到着する。ユングフェルトが駆るパワフルなフォード・ファルコンには64ポイントの差をつけていた。F1グランプリが行なわれるコースを使用した、最高速度計測の際のハンディキャップ係数の計算システムが幸運を呼んだという見方もあるが、最終的に優勝を勝ち取ったのはホプカーク/リドン組で、ユングフェルト/サジャー組が続き、3位にカールソン/パルム組が入賞した。ほかの2台のモーリス・クーパーもマキネン/ヴァンソン組が4位、アルトーネン/アンブローズ組が7位

すさまじいドライビング・スタイル

第34回モンテカルロ・ラリーでのひとこま。マキネンのクーパーSのすさまじいドライビングに、観衆は恐れをなして身を隠した。左の透視図は勝利したミニ。サスペンションは画期的なハイドロラスティックではなくノーマル・タイプ。

に入る健闘をみせた。

　4位に入ったティモ・マキネンが大活躍したのは、34回目にあたる翌年のモンテカルロである。この若きフィンランド人とイギリス人のポール・イースターが、無失点で優勝したのだ。

　クアトロルオーテは1965年3月号でこう記している。「ティモ・マキネンのすばらしいテクニックもさることながら、こんなひどい天候で行なわれたラリーでは、ゴールしたこと自体が奇跡といえるだろう」

　ホプカークのモーリス・クーパーSは26位

すべてヘッドライトのせいだった

1965年のサクセスから1年後、ティモ・マキネンとポール・イースターはさらに速かった（上）。にもかかわらず、ライトがレギュレーションに反していたとして失格となる。下段左側の写真はロンドンの空港で1966年1月23日に撮影されたもの。ふたりのドライバー（帽子をかぶったほうがマキネン）がジャーナリストに、問題となったヘッドライトを見せているところ。この失格事件がイギリスで大騒ぎとなる。BMCは二度とモンテカルロの道を走ることはないだろうと主張したが、翌67年、雪辱を果たす。

二度あることは三度ある

第36回モンテカルロ・ラリーでの勝利は、綿密な計算のうえに果たされたものだ。期待のマキネン／イースター組がリタイアしたことで（最終ステージで落石事故に遭遇。最初は動物が落ちてきたのだと思ったらしい）、アルトーネン／リドン組（上）がクーパーSを三度目の勝利に導くことになる。ペナルティ・システムと天候を考慮したタイアの選択（スパイクタイアにするかどうか）が、この年の重要な鍵を握っていた。アレック・イシゴニスはこうコメントしている。「スペアを積まず、4輪のみでいけばいい。速く走らなければいいんだ。ツーリングのスピードでいけば問題ない。販売価格でクラス分けをすればいいじゃないか」

に終わり、ドン／イルル・モルリー組がこれに続き、ラトルブ／ベイリー組のオースティンは34位だった。

ミニの歴史のなかでもっとも有名な、という意味では、1966年のモンテカルロ・ラリーをおいてほかにないだろう。ミニが1位から3位までを独占したのである。ところがフランス・メーカーは、1275Sは販売されているものと異なると主張（すでに5000台が納車されていたにもかかわらず）、技術的に違反事項があると強い態度で訴えた。細かく検査した結果、主催者は、すべてのミニに装着されていたライトは下向き配光の機能がないとしてミニを失格にする。マキネンに代わって勝利の座についたのはシトロエンだった。この結果に、イギリスでは大騒ぎとなった。ミニがラリーに参加することは二度とないだろうと誰もが思った。

翌1967年、BMCは前年の屈辱を晴らすため、強力な体制で再びモンテカルロ・ラリーに挑んだ。アルトーネンのミニは、アンダーソン／ドーヴェンポルト組のランチア・フルヴィアHFを振り切って優勝する。しかし、これがクーパーSにとっては最後の勝利となってしまった。ライバル車には、最新技術を取り入れることによって、性能を向上させる可能性が多く残されていたが、ミニを改良することは、もはや限界だったからである。

いずれにしても、ミニのラリーにおける公式キャリアは終わりを迎えようとしていた（1965年から1967年の間にアルトーネン、マキネン、ホプカークとフォールは、ヨーロッパの名の知れたイベントで22勝余におよぶ栄冠を手にしていた）。1968年、レイランドがBMCを買収すると、コンペティション活動から撤退することを公式に発表した。

ミニ・クーパーS ポール・フレール試乗記

　1964年春、もっとも重要な冬のラリー、モンテカルロで、ホプカーク／リドン組のミニ・クーパーSは、(驚くべくことに)ライバルを打ち負かした。ファンから自動車業界の人間まで、誰もがモンテカルロの出来事を、言い換えればミニ・クーパーSのことを知りたがった。もちろん、クアトロルオーテも例外ではない。そこで我々は、この作業を通常の特派員記者ではなく、特別な人物に依頼した。レーシングドライバーであり、ジャーナリストでもあるポール・フレールに白羽の矢を立てたのである。どのレースでもそうだが、驚きの裏には必ず理由があるものだ。

　『クアトロルオーテ』3月号に掲載された記事は、次のように始まる。

　「モンテカルロ・ラリーを制覇したクルマをテストする日はもうまもなくだった。ジャーナリストを招いてオックスフォードで行なわれ

幸運な少数のジャーナリスト
モンテカルロで勝利を収めたのち、BMCはごく小数のジャーナリストを選んでイギリスに招き、試乗会を催した。このテストにはパディ・ホプカークも参加、ラリーで有名になったドライビング・テクニックを有名な37号車で披露した(写真はF1グランプリも開催されるモンテカルロ・コースで行なわれたラリーのテストラン最終日のもの)。

る試乗会の15日前、クルマはロンドンのホテルのエントランスに置かれていた。ここでパディ・ホプカークとチーム・メイトのヘンリー・リドンは、彼らの勝利をファン・クラブのメンバーに報告したのだが……、午前2時、クルマがこつ然と姿を消してしまったのだ。ホプカークは警察に走った。ところが驚いたことに、警察官は彼が名乗る前にこう尋ねてきたのだ。『ミスター・ホプカークですね？』

そしてこう続けたのだった。
『我々はすでにあなたのクルマを見つけましたよ。モンテカルロ・ラリーの優勝車ですからね、みんな知っています』

盗んだのはプロではなかったのだ。プロならロンドン中を走るミニがいくら多いといっても、ひとめでそれとわかる優勝車を盗むようなヘマはしない（まだ車体にはレースのゼッケンナンバーも付いていたのだから）。調書には、モンテカルロ・ラリーに勝つミニはどんなものなのか、知りたかったのだという盗難理由が記されていた。おそらくどんなクルマか知りたくて、それこそ慌てたのだろう、ロンドンの真ん中で、まるでモナコのサーキットにいるかのような調子でクルマをスタートさせ、警察の注目を集めたのだった。追跡されていると知って、彼は信号を無視して狂ったように走った。12台のパトカーがミニを追ったが、このミニに追いつけるクルマは1台もなかった。ミニが止まったのは、燃料切れを起こしたからだった──」

こうしてオックスフォード近郊にある飛行場跡地で、無事、試乗が行なわれることになった。この優勝車のほかに、アルトーネン／アンブローズ組のクーパーS、新型の1000と1300も、それぞれ1台ずつ用意された。ジョン・クーパーのフォーミュラ3のクルマももちろん並んだのだが、ポール・フレールのような経験豊かなドライバーでさえ、逸る気持ちを抑えられないようだった。
「最初にステアリングを握ったのは生産型のクーパーSで、これにはシフトレバーに伝わる振動を軽減した新型のギアボックスが採用されている。サーボ・ユニットと大きくなったフロント・ディスクのおかげで、ブレーキはノーマルのクーパーに比べて格段に向上している。ロードホールディングもすばらしい。ただし、ラリー用車輌のようだとはいわないま

大きくなった
トリップメーター

シリーズ生産車と比べると、ラリー用クーパーSには多くの改良が見受けられる。たとえばダッシュボードでは、拡大レンズ付きのトリップメーターの採用、レヴカウンターの追加、ステアリングホイールはウッド製に変更、ナビゲーター・シートはリクライニング可能に、などである。また、ステアリングコラムの長さも変更されている。ダッシュボード上端（ウィンドスクリーン下端）には、デフロスターの効果を高めるため、"セカンドスクリーン"が装着され、ヒーターも特別製が奢られた。ペダルはヒール・アンド・トゥが行ないやすい配置となった。

でも、ダンパーは少し硬い。しかし、なによりも大きな違いは、ノーマルのホイールのリム幅が3 1/2インチなのに対し、コンペティションカーは4 1/2インチを履いていたことだろう。ワイドホイールの採用によってオフセットも変化し、数センチほど、ワイドトレッドになった。いっぽう、ホプカークのマシーンはダンロップ・レーシング・タイアが装着されているが、これはタイム・アタック用である。2台の違いはまだあり、たとえばモンテカルロ用にセッティングされたバケットシートはサポートがとても良い。リアシートを犠牲にできるため、このようなシートの採用が可能になったのだろう。

さて、インテリアを見てみよう。ステアリングホイールはかなり傾斜し立っている。メーター類についていえば、非常に正確なトリップメーターが配置されている。このメーターには拡大レンズが装着され、数字を正確に読み取れるように配慮されているのが好ましい。電気関係にはそれぞれに単独スイッチが用意されているために、それこそ実に多くのスイッチが並ぶ。

ライト類について言及すると、それらはさまざまなところに設置されており、グリルはずらりと並ぶライトの陰に隠れてほとんど見えない。リバースランプはトランクリッドに配置され、コクピット内も例外ではなく、ダッシュボードにも照明が付けられた。また、ドライバーの視界の曇り止めも完璧で、ヒーター用ベンチレーションはエンジンフード内エアインテーク近くに置かれたため、ブレーキサーボ・ユニットは室内、ダッシュボード下に収められることになった。といっても、このサーボはホモロゲーション用に設置されたもので、実際には接続されておらず、作動しないようになっている。なぜなら、ホプカークもアルトーネンも、サーボなしのほうが、滑りやすい道ではブレーキコントロールがしやすかったからだ。

パワートレーンに関しては、ノーマル・モデルとの差はわずかだ。大口径の2基のキャブレターには、エアフィルターに代わってファンネルが採用されている。いずれも改造はダウントン社で行なわれた。これにより、車重は50kg増となっている」

2台を並べてみると、標準モデルのクーパーSがラリー用クーパーに極端に劣るとは思えなかったが、加速についてはラリー・モデルが上をいった。メーター上、クーパーSは100km/h到達に要するのは12秒半だったが（1100ccクラスとしてはすばらしい数字）、ラリー仕様は9秒でクリアした。

その他の装備品について

ホプカークのミニ・クーパーSのリアシートには、部品や工具が用意されている。そのほかの改良点は、コンペティション用マフラー、コンペティション用ダンパー、それぞれふたつに増設された燃料タンクと燃料ポンプ、さらにフロントのブレーキパッドにはDS11、リアのブレーキシューにはVG95を採用している。エンジンはドーム型のピストンで、圧縮比10.5：1になり、オイルクーラーは容量の大きなRafタイプのものに変更されていた。また、さまざまな熱価のスパークプラグが用意された。ファイナルレシオは4.133：1に設定されている。大口径キャブレター2基は特別にセッティングされ、4インペラーのダイナモは28Ah仕様だった。

モーク 1964〜1994

テクニカルデータ
レイランド・モーク カリフォルニアン（1979）

【エンジン】＊形式：直列4気筒／横置き ＊ボア×ストローク：64.6×76.2mm ＊総排気量：998cc ＊最高出力：40.0ps／5200rpm（DIN） ＊最大トルク：68Nm／2500rpm（DIN） ＊圧縮比：8.3：1 ＊タイミングシステム：OHV／2バルブ ＊燃料供給：SU HS4

【駆動系統】＊駆動方式：FWD ＊変速機：4段 ＊クラッチ：乾式単板 ＊タイア：175R13

【シャシー／ボディ】＊形式：モノコック／オープン ＊乗車定員：4名 ＊サスペンション：（前）独立 ダブルウィッシュボーン／ラバーコーン、テレスコピック・ダンパー （後）独立 トレーリングアーム／ラバーコーン、テレスコピック・ダンパー ＊ブレーキ：ドラム ＊ステアリング：ラック・ピニオン

【寸法／重量】＊全長×全幅×全高：3230×1450×1600mm ＊ホイールベース：2090mm トレッド：（前）1440mm （後）1460mm ＊車重：620kg

【性能】＊最高速度：115km/h

　1964年に発表されたミニ・モークだが、アイデアの源は戦時中にさかのぼる。

　当時、モーリスで働いていたイシゴニスが任されたのは軍用車輛の開発だった。彼が設計した小型戦車はモノコック・ボディの前輪駆動車で、サラマンダーの愛称で呼ばれた。このプロジェクトがモークへとつながっていく。会社の上層部の狙いは、シトロエン2CVのピックアップに代わるモデルを製作することにあった。当時、このピックアップは海軍省向けにイギリスのスラウ（シトロエンの英国工場があった）で製作されていたが、軍とシトロエンの契約期間が切れようとしていたのだ。

　BMCのプロトタイプはプレススチール製のプラットフォームにミニのメカニズムを搭載したもので、エンジンは948ccでその重量は140kg、4人の兵士が乗りこみ、ぬかるみや悪路を走破できる触れこみだった。しかし、このクルマがイギリス海軍の承諾を得ることはできなかった。そこで1963年、イシゴニスはホイールベースを短くしたプロトタイプのリアにもう1基、850ccエンジンを配置、四輪駆動車としてトラクションを増したモデルを製作するものの、やはりこれも軍が興味を示すことはなかった。

　しかしBMCはあきらめなかった。今度はモークのユーザーを"民間人"に絞り、ミニのニュー・バージョンとして販売することにしたのである。ホイールベースを元に戻し、大きな箱型断面のサイドシルで車体の剛性を高めた。しかし、これもまた無駄な努力だったのだ。ミニをさらにシンプルにしたクルマを意味してモーク（イギリスでは動物のロバを意味する）と名づけられたが、無税で（商用車として登録できたため）405ポンドという魅力的な値段だったにもかかわらず、欲しがる一般人は少なかった。加えて1967年からは乗用車扱いとなり税金がかかるようになってしまった。

　それでもミニ・モークはニッチ・マーケットを獲得した。仕事の必要性からこの手のクルマを待っていた人や、広告業界といったクリエイティヴな分野の人々に受け入れられたのだ。暑い国ではビーチカーとして観光客にもてはやされた。ところで、1万5000台の販売台数のうちイギリスで売れたのは10分の1にすぎなかった。おそらく、この国の気候に適し

ていなかったのだろう。
　1968年、イギリスでの生産は終了するが、オーストラリアはシドニーのBMC工場で生産が続行された。この工場では1966年に1ℓ、1.1ℓ、1.3ℓのエンジンを搭載し、13インチのホイールと、モークをエレガントに変身させる新しい幌を装着したモデルの生産がスタートしていた。ここでは合計2万6000台が生産されたが、その後、1980年には、オーストラリアから輸入した部品を使用して、ポルトガルで生産されることになる。さらに1万台のモークが生産された。イタリアではローバーから権利を買い取ったカジバによって、ライセンス生産が行なわれた。生産が終了したのは1994年だった。

ロングライフ

ミニをベースにしたモークのさまざまな使われ方。60ページの写真は、左が1963年のツイン・エンジン・モデル、右が1964年のオースティン・モーク。このページの写真は上から、モーリス・バージョン、レイランドのオーストラリア工場で製作されたカリフォルニアン（1979年）、下はローバーが製作したモデル（1987年）と1990年代の最終シリーズ。

レイランド・モーク・カリフォルニアン インプレッション

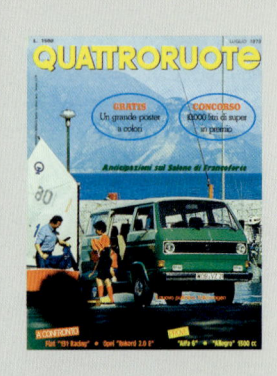

クアトロルオーテが1979年7月号で実施したモークのテストは、実に販売開始から15年目のことだった。クルマの寿命としては、決して短いものではないにもかかわらず、ミニの"ビーチカー"はまだ新鮮さを保っていた。オーストラリアで行なわれた"フェイスリフト"によって若返りをみせたのだ。

ワイドフェンダー、太いタイア、カンガルーバー・タイプの派手なバンパーをはじめ、固定されたシートや必要最低限に抑えられた装備類が、室内にスパルタンな雰囲気を漂わせる。ビニールコーティングされた幌を被せれば、クルマ全体をカバーすることができる。
「アスファルト路面を走れば、その性能はノーマル・バージョンとたいして変わらない。いったんオフロードに入ると、10インチから13インチになったホイールと、充分な地上高（200mm）、ワイドなタイアのおかげで、高い満足感を与えてくれる」

休暇を、自由な時間を楽しませてくれるモーク。1ℓの小さなエンジンはパワーがあって活発で、ロードホールディングも悪くない。ドラムブレーキはまあまあの効きで、ほかのミニ同様、クラッチミートは少々唐突といえる。快適性についてはあまり期待しないほうがいいだろう。

「モークは若々しく爽やかだが、オープンでもクローズドでも（風がそこかしこから入ってきて）快適とはいいがたい。幌は風やノイズを遮断するには不充分だ。クラシックなサスペンションも硬く、乗り心地がいいとはいえない」が、値段がこれを補う。レイランド・モーク・カリフォルニアンの価格はわずか550万リラだった。

出発

1979年7月、バカンスの季節。『クアトロルオーテ』の表紙は、田舎に出かけるのにふさわしい、フォルクスワーゲンの新しいミニバス。ロードテストの主役はレイランド・モークのほか、アルファ・ロメオ・アルファ6、フィアット131レーシング、オペル・レコルト。右の写真はスパルタンなモークの室内。

PERFORMANCES

最高速度		km/h
	113.136	(102.156) |left
燃費 (4速コンスタント)		
速度 (km/h)		km/ℓ
40	20.2	(20.0)
60	17.7	(15.7)
80	13.9	(12.7)
100	10.7	(8.9)
110	9.5	(——)
発進加速		
速度 (km/h)		時間 (秒)
停止ー400m	21.4	(21.8)
停止ー1km	42.2	(44.1)

*( ) 内はオープン時のデータ

ガンガン進む
幌の有無では性能に大きな差が出る。最高速度は113km/hから100km/h少々へ低下。燃費も10%ほど落ちる。空力の問題だろうか。

イノチェンティ版ミニ登場 1965

ようやくイタリアで
1959年の合意で、オースティンA40はイギリスで製造された部品を使って、アセンブリーと塗装がイタリアで行なわれることになった。ミニ（このページの写真）のライセンス生産がスタートしたのは1965年のことだった。65ページの写真はイノチェンティの創始者、フェルディナンド・イノチェンティ。

合計600万台のミニが40年の間に生産された（BMW生産分も含める）。このうちの6分の1にあたるミニは、イタリアで生産されたものだ。アセンブリーはイノチェンティが担当し、1965年にスタートした。

BMCとイノチェンティの間で最初の契約が交わされたのは1959年8月のことだった。イシゴニスが開発した、この革新的なクルマが発表になる数日前のことである。クアトロルオーテでは、9月号でこのニュースを大々的に報道した。「イノチェンティが生産する最初のモデルはオースティンA40、オースティンA55、モーリス・オックスフォード、いずれもピニンファリーナとの協力のもとに行なわれたイギリスのプロジェクトである。これらの販売が始まれば、おそらくBMCの他のモデルもイタリア市場への輸入台数が増えるであろうと期待されている」

ライセンス生産が始まり、生産されるモデルの数も増えたが、イギリスはもとより、イタリアでもヒットとなったミニが、ミラノの工場のラインに載るのは、6年後のことだった。

イノチェンティは長い歴史を持ったメーカーである。1891年に生まれたフェルディナンド・イノチェンティは、家業の鉄鋼業を継ぐと、1920年代にダルミネ製品の販売をスタートする。1933年にはローマに工場を開き、自らの名を冠した鋼管の製作を開始するとともに、徐々にビジネスを拡げていく。その後、ミラノのランブラーテにも工場を建設、鋼管といえばイノチェンティといわれるようになったのだ。

戦争中、弾薬包を製造し、戦争が終わると再び元の事業に戻ったが、フェルディナンドは3つの事業計画を建てた。それは、大衆向け車輌の製造販売、工業プラントの製造販売、ケミカル関連事業への参入だった。このうち、大衆向け車輌の製造にフェルディナンドが選んだのはスクーターで、イノチェンティのスクーターはブームを巻き起こし、ピアッジオのヴェスパのライバルとなった。他の事業も順調だった。1958年、幼い頃から自動車製作の夢を持っていた息子のルイジが副社長に就任し、彼が決定権を持ったことで、BMCとの契約が実現したのである。

1960年からノックダウン方式で生産が始ま

った。A40からスタートしたが、まだラインは近代化されておらず、1日の生産台数は100台だった。しかし、1963年の終わり、IM3を生産する頃には合計生産台数は3万台に達した。

1965年9月、イノチェンティ・ミニの生産がスタートする。本国の従兄弟とほとんど同じ内容のクルマだったが、イタリアのクライアントの要望に応えて、多少のモディファイが施されている。

イノチェンティ・ミニ 850／クーパー 1965〜1967

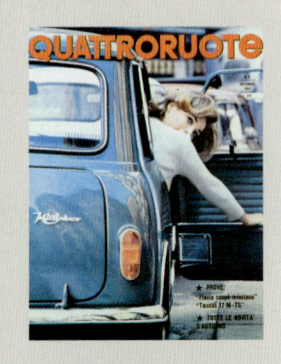

エンブレムだけが違いではない

イノチェンティ・ミニ（『クアトロルオーテ』1966年9月号の表紙）はイギリスのオリジナルとほとんど同じだが、部品の62％はイタリア製だ（たとえばライト類やガラスはメイド・イン・イタリー）。室内（右）の仕上げもイギリス製より向上している。イタリアのミニのフロントにはイノチェンティのバッヂが付く。トランクリッド上にイタリア・サイズのナンバーを装着するため、リアは変更されている（67ページ）。

イノチェンティ・ミニの販売は1965年11月に始まる。イギリスの従兄弟と同じエンジン（Aタイプの848cc／37ps／最高速度125km/h）、ハイドロラスティック・サスペンション、ドラムブレーキを装備するが、いくつかの部品が、質の見直しも含めて改良された。テクニカル・ディレクター、パオロ・カッカモのもと、イノチェンティでは、潤滑システム、クラッチ、ステアリング・ギアボックス、サスペンションを改良し、冷却システムを強化するとともに、ブレーキサーボ、電装品、プラグを変更。また、より高品質なスチールとプラスティックを使用した。

外観上ではグリルがスチール製に変わり、フロントフードにイノチェンティのバッヂが装着された。また、ライト類とガラスはイタリア製が採用され、テールゲートはイタリアのナンバーに合わせたデザインとなった（オーバーライダーなしのバンパーなら輸入されたミニだと見分けがつく）。イギリス製モデルと比べて、室内の仕上げも良い。シート、ドアパネルのステッチが変更されたほか、ダッシュボードは楕円形になり、ウッドの模造品が張られた。インストルメントパネルも改良を受け、ヴェリア製メーターが採用された。ステアリングホイールはよりモダーンになっている。

本国のミニ同様、イノチェンティ・ミニもヒットした。ユーザーは若者ばかりでなく、フィアット600の代わりにミニを選んだり、また小型ながらドライブが楽しいこのクルマをセカンドカーとして購入する人も多く、広い層のユーザーを獲得した。

クーパーが登場するのは1966年3月のことである。本国仕様との外観上の違いはわずかで、それはミニ・マイナーに施されたものとほとんど同じだ。クーパーはツートーンに塗装され、トランク上にロゴが入るほか、ホイール

INNOCENTI   Mini minor

異なる解釈

フロントとリアの関連懸架機能付きサスペンションの採用は、ミニが最初ではない。最初に採用したのはシトロエン2CV、1940年代終わりに誕生したライバル車だった。このフランス車が採用したのは機械的に作用するシステムだが、ミニのそれはフロントとリアのサスペンションを液体でリンクさせている。加圧された液体（水とアルコール、防腐剤の混合液）を満たしたディスプレイサー・ユニットが各ホイールに装着され、パイプを通して前後サスペンションが関連していることから、ハイドロラスティックと命名された。

具体的には、前輪が路面のギャップに乗り上げてサスペンションが押し上げられると、中にラバー・スプリングを装備するディスプレイサー・ユニットに圧力がかかり、液体が押し出され、パイプを通して（同じ側の）後ろのディスプレイサーに流れこむ。これにより後ろのディスプレイサーが押し上げられ後輪を下方に押しつけ、車体を水平に保つ仕組みとなっていた。

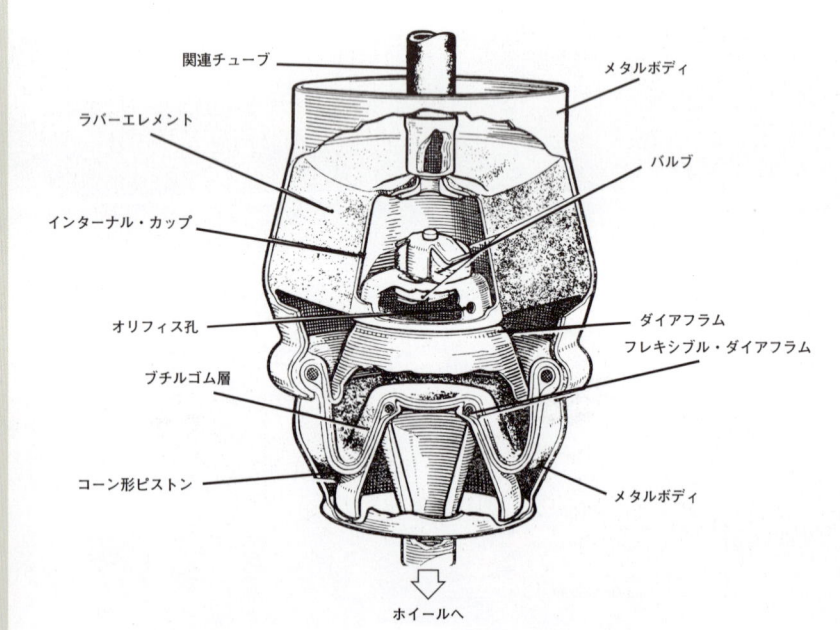

テクニカルデータ
イノチェンティ ミニ・マイナー（1965）

【エンジン】＊形式：直列4気筒／横置き ＊ボア×ストローク：62.9×68.3mm ＊総排気量：848cc ＊最高出力：37.0ps／5500rpm（SAE） ＊最大トルク：56Nm／2600rpm（SAE） ＊圧縮比：8.3：1 ＊タイミングシステム：OHV／2バルブ ＊燃料供給：SU HS2

【駆動系統】＊駆動方式：FWD ＊変速機：4段 ＊クラッチ：乾式単板 ＊タイヤ：5.20-10

【シャシー／ボディ】＊形式：モノコック／2ドア・セダン ＊乗車定員：4名 ＊サスペンション：（前）独立 ダブルウィッシュボーン／ラバーコーン（後）独立 トレーリングアーム／ラバーコーン，ハイドロラスティック・システム（液圧式前後関連懸架）＊ブレーキ：ドラム ＊ステアリング：ラック・ピニオン

【寸法／重量】＊全長×全幅×全高：3050×1410×1340mm ＊ホイールベース：2030mm ＊トレッド：（前）1200mm（後）1160mm ＊車重：610kg

【性能】＊最高速度：125km/h

図中ラベル（ディスプレイサー・ユニット断面）: 関連チューブ、ラバーエレメント、インターナル・カップ、オリフィス孔、ブチルゴム層、コーン形ピストン、メタルボディ、バルブ、ダイアフラム、フレキシブル・ダイアフラム、メタルボディ、ホイールへ

フラットな路面を走行しているときは、サスペンションはノーマルな状態にある。

前輪が路面のギャップに乗り上げると、リアのサスペンションが伸びて車体のピッチングを減らす。

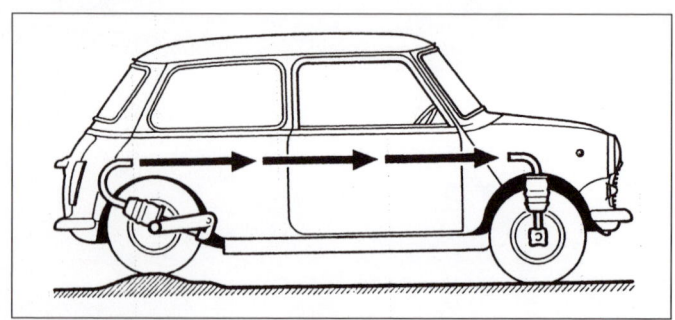

そして、後輪が路面のギャップに乗りあがると、リア・サスペンションが縮んでハイドロラスティック・システムの液体が前方向に流れだす。これにより車体が水平に保たれる。

のリムサイズが変更されるとともに（3.5インチから4.5インチに）、デザインもクーパーSに装着されたホイールに似た、冷却用の穴が開いたタイプが採用された。

　室内で目につくのは、人間工学に基づき設計されたシートの間にある、短いシフトレバーである。シートはフェイク・レザー（ルーフと同色）で覆われている。光の反射を抑えるために、ウッドに代えてビニールでカバーされたパネルも特徴のひとつだ。スピードメーターの最高数値も、ミニ・マイナーが140km/hだったのに対して160km/hに高められた。また、金属製の3本スポークのステアリングホイールと、プラスティック製の黒いホーンボタンが採用された。

テクニカルデータ
イノチェンティ ミニ・クーパー（1968）

【エンジン】＊形式：直列4気筒／横置き ＊ボア×ストローク：64.6×76.2mm ＊総排気量：998cc ＊最高出力：56.0ps／5800rpm（SAE）＊最大トルク：76Nm／3000rpm（SAE）＊圧縮比：9.0：1 ＊タイミングシステム：OHV／2バルブ ＊燃料供給：SU HS2 2基

【シャシー／ボディ】＊ブレーキ：（前）ディスク／サーボ（後）ドラム／サーボ ＊ステアリング：ラック・ピニオン

【寸法／重量】＊トレッド：（前）1240mm （後）1210mm ＊車重：640kg

【性能】＊最高速度：145km/h

色で判別

イノチェンティ・ミニはオリジナルのカラーを引き継ぎ、単色（上）。クーパーSはボディとルーフがコントラストをなすカラーに塗装され、ツートーンになっている（左）。ミニ・マイナーのイタリアでの販売価格は86万リラ、輸入バージョンは98万5000リラ。クーパーは115万リラで、イギリス版より約20万リラ安かった。

Passione Auto • Quattroruote

イノチェンティ・ミニT 1966〜1967

テクニカルデータ
イノチェンティ ミニT（1967）

【エンジン】＊形式：直列4気筒／横置き ＊ボア×ストローク：62.9×68.3mm ＊総排気量：848cc ＊最高出力：41.5ps／5200rpm（SAE）＊最大トルク：61Nm／3200rpm（SAE）＊圧縮比：9.0：1 ＊タイミングシステム：OHV／2バルブ ＊燃料供給：SU HS4

【駆動系統】＊駆動方式：FWD ＊変速機：4段 クラッチ：乾式単板 ＊タイヤ：5.20-10

【シャシー／ボディ】＊形式：モノコック／3ドア・ワゴン ＊乗車定員：4名 ＊サスペンション：（前）独立 ダブルウィッシュボーン／ラバーコーン、テレスコピック・ダンパー （後）独立 トレーリングアーム／ラバーコーン、テレスコピック・ダンパー ＊ブレーキ：ドラム ＊ステアリング：ラック・ピニオン

【寸法／重量】＊全長×全幅×全高：3280×1410×1360mm ＊ホイールベース：2140mm ＊トレッド：（前）1200mm（後）1160mm ＊車重：660kg

【性能】＊最高速度：約120km/h

1966年のトリノ・ショーで、イノチェンティはワゴンタイプのミニTを発表する。モーリス・トラベラーのイノチェンティ版である。ユーザー・ターゲットは、小型ながら荷物を積めるクルマを必要とする人々であった。リアシートを倒せば1m³の容積を増やすことができる。なにより、荷室の地上高がわずか45cmのため、荷物の積み降ろしがしやすい。価格もお手頃であり（100万リラ少々）、ミニTはこの分野でのライバルが少なかったこともあって、イタリアでは好評だった。最初に発売されたのは木枠付きで、2シリーズ目から木枠なしのタイプになった。37psのエンジンで販売が始まったが、すぐに41.5psに向上された。室内での変更点として、シフトレバーが短くなったことが挙げられる。なお、このクルマもハイドロラスティック・サスペンションは採用されなかった。

シック
実用的だが、同時にエレガント。ミニTはイタリア女性ユーザーのハートをつかんだ（左）。室内はサルーン・バージョンとよく似ている（下）。

彼女、彼、ミニと結婚の悦び

イノチェンティがイタリア人に、ミニの楽しさを知ってもらおうと製作したカタログである。

「世界中で150万台以上のミニが走っています。この、世界中の道を行くミニをイタリアで製作するのはイノチェンティです。それではミニのデザインからお話しましょうか。もちろんひとりひとり、ボディ・デザインの好みは違います。ミニに乗る私の場合、ミニのデザインは愛すべきものだと思っています。イタリア人の趣味に近いにもかかわらず、イギリスの伝統も感じます。快適性についてはどうでしょうか。クルマは運転しなければわからないものです。試乗の機会があったらぜひ観察していただきたいのですが、まず4速すべてを試してみてください。私の場合はすぐにぴったりきました。まずはドライビング・ポジションがいい。イライラさせられることの多い街中にマッチしたクルマです。同時に高速道路でも疲れさせられることがない。あなたのクルマのサスペンションは通常のタイプですか？ ふつう、そうですよね。でもミニは違います。ハイドロラスティックというユニークなサスペンションが搭載されているのです。（中略）ハイドロラスティックには点検の必要がありません。つまり時間とお金の節約になるということです。

（中略）イノチェンティ・ミニ・マイナーは安全なクルマです。一緒に乗っていただければわかります。私が運転してもいいし、あなたがステアリングを握ることもできます。私のいうことが本当だとわかるはずです。興奮すると思いますよ、まちがいなく。

もうひとつ、重要なポイントはスペースです。（中略）外から見ると小さく感じますが、いったんシートに腰掛けると嬉しい驚きが待っています。私たち以外に3人も4人も乗れるのですから。中は広く外は小さい。これは街中で乗るのにぴったりです。私は買い物から子供の送り迎えまでミニ1台で済ましています。子供といえば、あなた、ご家族は？ おチビちゃんがいらっしゃる？ 失礼なことをお尋ねしました。ウチの子供はまだ小さいものですから。

男というものは結婚すると、どうしても縛られます。でも結婚には結婚の悦びがあって、子供とか、ウィークエンドとか、家族でのドライブとか……。ミニの良さはどんなシーンにもはまることです。劇場にも乗っていくことができます。洗練された劇場の雰囲気にぴったり合うのです。神様はご存じですが、女性というのはこういうことを大切にしますよね。

（中略）さあ、おしゃべりはこのくらいにしましょう。まだお知りになりたいことがある？ では、ミニを試乗してみてください。私に電話してください。一緒にミニを試してみようではありませんか」

1960年代のマーケティング

このページの写真はイノチェンティ・ミニ・マイナー850のカタログ写真。一番上の俯瞰写真にタイトルを付けるなら、「どうぞ、お入りください」。大きなクルマが小さなクルマを誘うような……。

イノチェンティ・ミニ 850／クーパー／T インプレッション

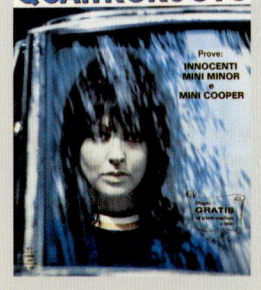

対決

イノチェンティ・ミニ・クーパーのテストは1966年7月号に掲載された（上はその時の表紙）。この号ではロールス・ロイス・シルヴァー・シャドウ、ジャガーEタイプ、アストン・マーティンDB6のテストも実施。ミニTの試乗記は1967年9月号にボルボ144Sとともに掲載された。下左はミニ・マイナー、下右はミニ・クーパー、いずれもテスト風景。

我々クアトロルオーテは、コストをかけて輸入された本国仕様をテストしてきたが、いよいよイタリアで生産されたミニをテストすることになった。1966年7月時点で価格は86万リラ、100万リラ近い"メイド・インUK"に比べてずっと手頃な価格だ。にもかかわらず、評価はこれまでのミニと変わらない。敏捷性が高く、ハンドリングに優れたクルマ、というものだ。ロードホールディングも抜群で、燃費もいい。コンパクトながら高い居住性を誇る。一方で、室内の空気の循環は悪く、ハイドロラスティック・サスペンションが採用されているにもかかわらず、快適性は今一歩のところだ。

クーパーは850よりずっときびきびしている。燃費の点では劣るが、シートが良くなって快適さが増した。最小回転半径が大きすぎるきらいはあるが、ステアリング・レスポンスは双方のバージョンともダイレクトだ。ブレーキについては批判の余地がない。クーパーにはサーボが装着されており、フロントにはディスクブレーキが奢られている。

サルーン・バージョンのテストから1年後、1967年9月にはイノチェンティ・ミニTのテストを行なった。エンジンはこれもまた850ccだが、パワーは37.0psから41.5ps（SAE）に向上している。また、車重の増加にもかかわらず、1966年にテストされたサルーンのミニより性能がわずかに上がっていた。ミニTは、長所短所、いずれもサルーンとほぼ同じだが、当然のことながらトランク・スペースはサルーンよりずっと広い。リアシートを折りたたまなくても、その容量は200ℓ以上だった。

PERFORMANCES

	マイナー	クーパー	T
最高速度			km/h
	119.622	144.409	123.386
燃費(4速コンスタント)			
速度(km/h)			km/ℓ
40	20.8	19.6	22.8
60	17.8	19.2	19.2
80	15.8	16.9	16.5
100	12.9	13.8	12.9
120	——	10.6	——
140	——	6.9	——
発進加速			
速度(km/h)			時間(秒)
0—20	1.1	1.0	1.2
0—40	4.1	2.8	3.9
0—60	8.6	6.2	8.3
0—80	16.4	11.0	15.6
0—100	30.6	16.8	28.0
0—120	——	29.2	——
停止—400m	——	——	——
停止—1km	44.2	38.2	43.5
追越加速(4速使用時)			
速度(km/h)			時間(秒)
30—40	4.7	3.3	3.1
30—60	14.7	9.5	12.4
30—80	25.8	15.9	23.8
30—100	42.4	23.6	42.4
30—120	——	35.6	——
制動力			
初速(km/h)			制動距離(m)
40	8.9	9.0	8.9
60	21.5	18.7	20.3
80	39.7	34.5	40.5
100	65.0	55.3	63.4
120	——	87.5	——

サルーンより速い
41.5psに向上したエンジンを搭載したミニT(写真)の計測結果は、1年前にテストした37psのマイナーの上をいくものだった。テストでは、クーパーの性能がわずかながら他の2台に優り、定地燃費においても60km/h以上ではコンスタントに優秀さをみせた。

オースティン／モーリス ミニ Mk.II 1967〜1969

　デビューから8年を経てもなお、ミニは衰えを見せなかった。このイギリス車は若者だけに受け入れられたのではなく、一種の社会現象、カルト的存在になっていた。それでもBMCはヒットに浮かれることなく、8年の間に古くなったミニのモデルチェンジを決定する。こうして誕生したのがMk.IIで、1967年のアールズコート・ショーで発表になった。

　ボディの変更点はわずかで、オースティン・モデルはグリルが新しくなり、グリルバーは横方向に11本を数えた。モーリスは13本だが、そのうちの4本は縦方向に入る。リアウィンドーとテールランプがそれぞれ大きくなり、スーパー・デラックスではバンパーからサイドへのコーナーバーが外された。

　室内では操作類の改良が施され、ウィンドー・ウォッシャー用スイッチがペダル式に変わったほか、シートも改良されている。長かったシフトレバーは前モデルのクーパーのものに変更された。

　話をより重要なテーマに絞ると、ギアボックスがフルシンクロになったこと、ステアリング・ラックが新しくなった点がポイントである。最小回転直径がおよそ1m小さくなっている（9.70mから8.85mに）。さらに、ミニ850（Mk.IIからマイナーという名前がはずされた）のノーマル仕様とスーパー・デラックス仕様に搭載された848ccエンジンに加えて、998cc Aタイプエンジンが用意され、ミニ1000と命名された。装備はスーパー・デラックスと同

2代目
ミニのセカンド・シリーズは1967年にデビュー。外観上の変更点はごくわずかだ。新デザインのフロントグリルは、モーリスのモデルは横桟が7本（75ページのクーパーと同じ）、オースティンは11本（右のカタログ）。リアはウィンドーが大きくなり、テールランプが四角くなった。

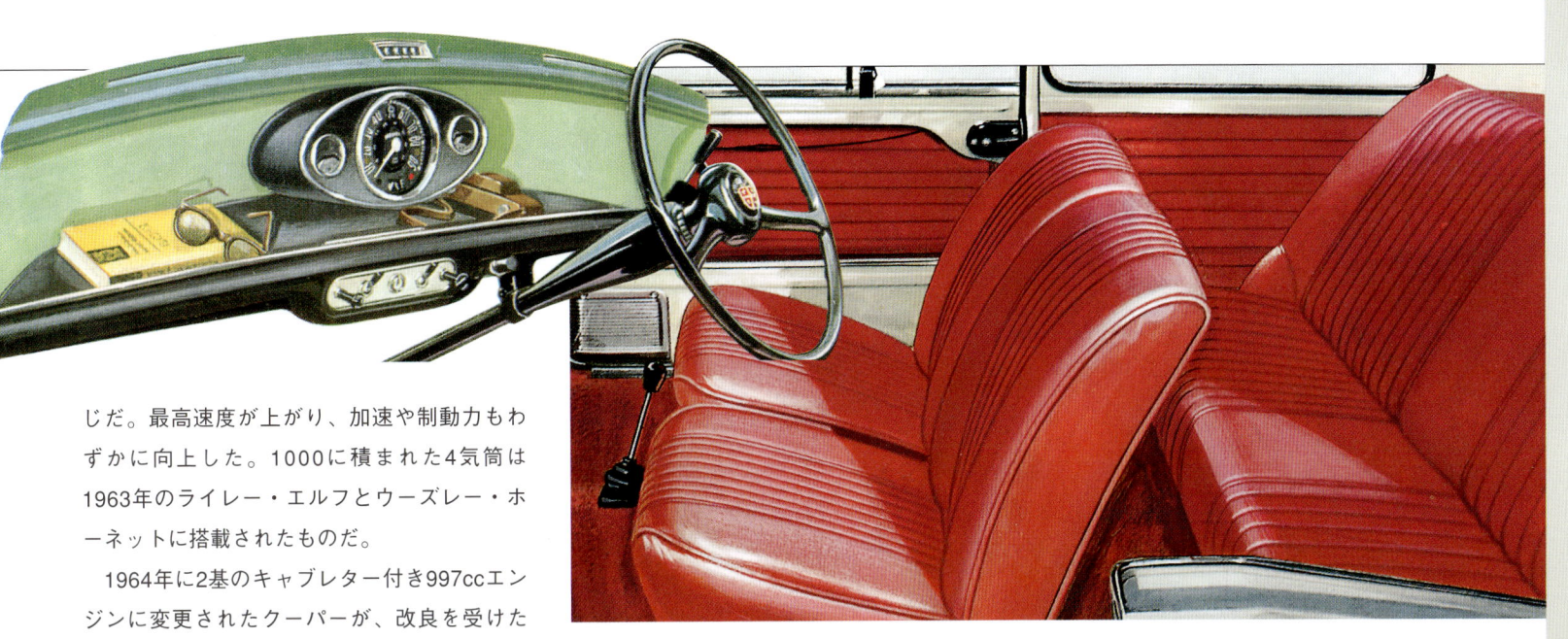

じだ。最高速度が上がり、加速や制動力もわずかに向上した。1000に積まれた4気筒は1963年のライレー・エルフとウーズレー・ホーネットに搭載されたものだ。

1964年に2基のキャブレター付き997ccエンジンに変更されたクーパーが、改良を受けた

クーパータイプの
シフトレバーの採用

ミニMk.Ⅱの室内の変更点は少ない。デビュー当時のカタログのイラストを眺めると、シートがわずかながら改善されていることがわかる。ウィンドー・ウォッシャーはペダルで行なうようになった。重要という意味では、シフトレバーの改良だ。Mk.Ⅰに採用された長いタイプが姿を消して、クーパーで採用された短いものに変わった。1968年夏、特徴だったワイヤーのドア・オープナーがハンドル式に変更。
左の写真はモーリス・クーパーMk.Ⅱ、イタリアで登録された希少な一台だ。ミニのスポーツ・バージョンのセカンド・シリーズは1968年2月にデビューした。

のは1968年2月である。おもな変更点は、大きくなったフロントグリルと、室内側ドア・オープナーがハンドル式（この年の夏にノーマル・バージョンにも採用）になった点だろう。

　イタリアで生産されるミニもモディファイを受けた。イノチェンティ・デザインのグリル、ホイールキャップはクーパーMk.Iのもので、室内のドア・オープナーがこちらもハンドル式になった。また、48ps（SAE）のパワーが最高時速135km/hを可能にしている。イノチェンティ・ミニMk.2を外観上で見分けるのは、スポーティなデザインのホイール、テールランプ、アルミ製スポークの付いたプラスティック製のステアリングホイールだ。なによりメーターが5つとなったことが大きい。ギアボックスはフルシンクロになり、出力は60psに、最高速度は145km/hに向上した。

イノチェンティも
イタリアのミニもすぐに本国のモディファイに従ったが、イタリア版ならではの特徴のいくつかは、そのまま維持された。850／1000／ジャルディネッタ（編注：イタリア語でステーションワゴンの意）のグリルとホイールカバーはメイド・イン・イタリー。クーパーのホイールとグリルはこのクルマ専用にデザインされたもの。

イノチェンティ・ミニ850Mk.2 インプレッション

　パワーアップのおかげで（48psになった）Mk.2の最高速度が大きく向上し、このクラスにふさわしいクルマとなった。極限の性能（テストでは最高速度136km/hを記録）を度外視したとしても、全体の平均値が高くなっている。加速と制動力についてもパワーアップが効果を発揮した。

「タイムが良くなり、サイズのみならず、機能がものをいう今の交通状況にマッチするようになった。ロードホールディングも含めて、加速性能がすばらしい。新しいラジアルタイアが効いたのだろう」

燃費もいい。だが、「それ自体は長所にちがいないが、燃料タンクの容量が減らされたことで、低燃費効果が薄まっている。いずれにしても平均して1回満タンにすれば250～300kmの走行は可能だ」

　すでに述べたとおり、ロードホールディングについては、荷物の有無、道路状態にかかわらずつねに優れており、イノチェンティ・ミニ850Mk.2の最高の長所といえる。前モデルと比較した際、唯一残念な点は、ハイドロラスティック・サスペンションを採用しているために、車体がふらつく傾向にあることだ。

**すべて
ジュネーヴ・ショーに**
1969年4月号の『クアトロルオーテ』は、スイスのジュネーヴ・ショーの特集を掲載。表紙（上）はフィアット128。テストの主役はイノチェンティ・ミニ850Mk.2で、価格は93万5000リラ。

テクニカルデータ
イノチェンティ ミニ850Mk.2 (1968)

【エンジン】＊形式：直列4気筒／横置き ＊ボア×ストローク：62.9×68.3mm ＊総排気量：848cc ＊最高出力：48.0ps／5800rpm（SAE）＊最大トルク：65Nm／3000rpm（SAE）＊圧縮比：9.0：1 ＊タイミングシステム：OHV／2バルブ ＊燃料供給：SU HS4
【駆動系統】＊駆動方式：FWD ＊変速機：4段 ＊クラッチ：乾式単板 ＊タイア：145SR10
【シャシー／ボディ】＊形式：モノコック／2ドア・セダン ＊乗車定員：4名 ＊サスペンション：（前）独立 ダブルウィッシュボーン／ラバーコーン （後）独立 トレーリングアーム／ラバーコーン，ハイドロラスティック・システム（液圧式前後関連懸架）＊ブレーキ：ドラム ＊ステアリング：ラック・ピニオン
【寸法／重量】＊全長×全幅×全高：3050×1410×1340mm ＊ホイールベース：2030mm ＊トレッド：（前）1200mm （後）1160mm ＊車重：645kg
【性能】＊最高速度：135km/h

つまり、加速の際にクルマがノーズを上げ、加速を緩めると下に向いてしまう現象が生じ、この点では快適性が損なわれているのである。ただし、このサスペンションに利点がないわけではなく、ある程度のショックは吸収するようになった。とはいえ、タイアが小さいために、これも完全とはいえないのがもどかしいところだ。ギアボックスはすべてのギアにシンクロが付き、シフトフィールも改善された。いっぽう、ステアリング・ラックが新しくなり、最小回転半径が小さくなった。ドラムブレーキのままなのは惜しいところだが、制動性は悪くない。今回、サーボの装着は見送られた。

わずかな変更
室内（上）はMk.1シリーズとほぼ同じだが、ダッシュボードは黒になり、シートがクォリティの高いものに変わった。またドア・オープナーも変わり、灰皿がついた。850Mk.2はクーパーMk.Iのメーター類とシフトレバーを受け継いだ。

PERFORMANCES

最高速度

	km/h
	136.343

燃費（4速コンスタント）

速度（km/h）	km/ℓ
40	19.6
60	20.0
80	18.5
100	14.6
120	11.2

発進加速

速度（km/h）	時間（秒）
0—40	3.2
0—60	6.1
0—80	10.7
0—100	18.2
0—110	25.0
停止—400m	—
停止—1km	39.3

追越加速（4速使用時）

速度（km/h）	時間（秒）
30—40	3.2
30—60	12.1
30—80	20.7
30—100	32.8

イノチェンティ・ミニ クーパー／T Mk.2 インプレッション

　1969年夏、850Mk.2のテストから数ヵ月後、クアトロルオーテではピッコラ・イノチェンティ、いわば"エキゾティック"バージョン、クーパーとTのテストを行なった。双方ともエンジンは850のユニットを流用したものだが、いくつかモディファイが施されて、よりきびきびと走るようになったことにまちがいはない。特にクーパーはいっそう速くなり、停止状態からの加速では高い瞬発力を示した。追い越し加速も同様で、パワーアップが効果を発揮。燃費も向上した。

　クアトロルオーテは「一般的に、性能を上げると燃費に悪影響を及ぼすケースが多いにもかかわらず、このクルマではそれがない。それどころか燃費は良くなっているほどだ」と記す。しかし、エンジンはフレキシビリティを少々失っていた。

　ロードホールディングと快適性は前モデルの良さを受け継いでいる。前モデルで失格だったギアボックスはまあまあのレベルに達したが、相変わらず入れづらい。それでもシフ

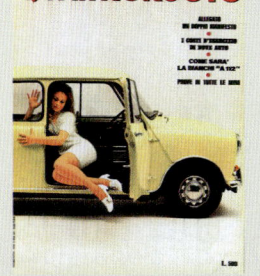

丹念に
1969年夏、クアトロルオーテはミニ・クーパーをテストした（上は表紙）。スポーティなMk.2は、イギリス版に比べて仕上げが丹念に施されている。というのもイタリアでは、価格が100万リラ（ミニ・クーパーは123万リラだった）を超えるクルマにはそれなりの豪華さが求められるからだ。このクルマはツートーンカラーが目印（写真はイエロー／ブラック）。室内を見ると、ひときわスポーティなステアリングホイールが目立つ。

テクニカルデータ
イノチェンティ ミニT Mk.2（1968）

【エンジン】＊形式：直列4気筒／横置き ＊ボア×ストローク：62.9×68.3mm ＊総排気量：848cc ＊最高出力：48.0ps／5800rpm（SAE）＊最大トルク：65Nm／3000rpm（SAE）＊圧縮比：9.0：1 ＊タイミングシステム：OHV／2バルブ ＊燃料供給：SU HS4

【駆動系統】＊駆動方式：FWD ＊変速機：4段 ＊クラッチ：乾式単板 ＊タイア：145SR10

【シャシー／ボディ】＊形式：モノコック／3ドア・ワゴン ＊乗車定員：4名 ＊サスペンション：（前）独立 ダブルウィッシュボーン／ラバーコーン，テレスコピック・ダンパー（後）独立 トレーリングアーム／ラバーコーン，テレスコピック・ダンパー ＊ブレーキ：ドラム ＊ステアリング：ラック・ピニオン

【寸法／重量】＊全長×全幅×全高：3280×1410×1360mm ＊ホイールベース：2140mm ＊トレッド：（前）1200mm（後）1160mm ＊車重：660kg

【性能】＊最高速度：約135km/h

PERFORMANCES

	クーパー	T
最高速度		km/h
	148.561	138.851
燃費（4速コンスタント）		
速度(km/h)		km/ℓ
40	—	17.9
60	18.5	18.9
80	16.7	15.7
100	13.7	13.7
120	11.0	11.1
140	7.8	—
発進加速		
速度(km/h)		時間(秒)
0—40	2.5	3.3

	クーパー	T
0—60	5.0	7.1
0—80	8.9	12.9
0—100	13.5	20.7
0—120	23.2	—
停止—400m	—	—
停止—1km	36.1	41.2
追越加速(4速使用時)		
速度(km/h)		間(秒)
30—40	2.7	4.1
30—60	8.8	12.9
30—80	15.9	23.0
30—100	23.1	37.7
30—120	35.0	—

比較不可能
左の表はイノチェンティ・ミニ・クーパーとTの計測結果である（写真はテスト風景）。クルマのキャラクターを考えると結果を比較することに意味はない。81ページはサーキットでのテストシーン。上はクーパー、下はTのノーマル・バージョンで木枠なし。値段は97万8000リラ。"豪華"バージョンは104万5000リラ。こちらには木枠が付く。クアトロルオーテ曰く、「小型サイズのジャルディネッタのなかでは非常に面白い一台」。

トは改善されて、1速がシンクロ付きになった（ようやく！）。つまりミニ・クーパーが若者の憧れの的であることを、再確認したのだ。

いっぽう、ミニTの路上での挙動はベルリーナ（編注：イタリア語でサルーンの意）と足並みを揃える。最高速度は少し優っている（おそらく個体差もあると思われるが）。制動力と加速については、長い距離ではTはマイナーより少し遅いが、それは車重の問題だろう。

興味深かったのは、加速時の快適性がマイナーより良かったことだ。エンジンのパワーの問題ではなく、サスペンションの差だろう。また、コーナーへの進入速度も速くなり、よりスポーティなドライビングが可能になった。

燃費はマイナーよりほんの少し悪いが、車重とエアロダイナミクスの違いだろう。また全体的な快適性も、サスペンションが硬いために、わずかながらマイナーに劣った。

最終的に、クーパーとTがミニ・ベースのバリエーションとしてはよく仕上がっていることを確認した。洗練されたクライアントに見合うキャラクターを備えたクルマといえる。

テクニカルデータ
イノチェンティ ミニ・クーパー Mk.2（1968）

【エンジン】＊形式：直列4気筒／横置き ＊ボア×ストローク：64.6×76.2mm ＊総排気量：998cc ＊最高出力：60.0ps／6000rpm（SAE）＊最大トルク：84Nm／3000rpm（SAE）＊圧縮比：9.5：1 ＊タイミングシステム：OHV／2バルブ ＊燃料供給：SU HS2 2基

【駆動系統】＊駆動方式：FWD ＊変速機：4段 ＊クラッチ：乾式単板 ＊タイア：145SR10

【シャシー／ボディ】＊形式：モノコック／2ドア・セダン ＊乗車定員：4名 ＊サスペンション：（前）独立 ダブルウィッシュボーン／ラバーコーン（後）独立 トレーリングアーム／ラバーコーン，ハイドロラスティック・システム（液圧式前後関連懸架）＊ブレーキ：（前）ディスク／サーボ（後）ドラム／サーボ ＊ステアリング：ラック・ピニオン

【寸法／重量】＊全長×全幅×全高：3050×1410×1340mm ＊ホイールベース：2030mm ＊トレッド：（前）1240mm（後）1210mm ＊車重：645kg

【性能】＊最高速度：145km/h

ミニ・クラブマン 1969〜1982

おそろしい

ミニの後継を探すという無意味な企てとして、1969年3月、レイランドはクラブマン・シリーズを発表した。特徴は（醜い）スクエアなフェイス。1976年のフェイスリフトでグリルの意匠が新しくなった（右）。ステアリングホイールが3本スポークになり、メーター類も変わったが、その後1980年まで変更は見られなかった。1980年、クラブマン・サルーンはミニ・メトロに道を譲る。

純粋なミニ信奉者にとって、クラブマンは忘れてしまいたいモデルだ。ブリティッシュ・レイランドの目論見はクーパーも含めてミニをやっつけることだったが、クラブマンは惨敗に終わった。

デザインを担当したのはフォードから移ってきたロイ・ヘインズである。フォードで彼はコーティナ・マーク2を手掛けたのだが、ニュー・ミニのフロントにコーティナの影響が見られる。クラブマンは1969年3月、ロンドン・モーターショーで発表された。

満場一致で醜いと評価されたスクエアなフォームを持ち、クロームのグリルの中心に縦長のバッヂが装着され、両サイドには丸いライトが配置されている。このフロント・デザインはとってつけたようだった。いたずらっ子のようなオリジナルのフロントをだいなしにしたばかりか、全長も長くなり（＋120mm）、わずかとはいえ車重も増して燃費も悪くなった。つまりは、どうしようもないクルマになってしまったのだが、それでも室内はそれなりに改良され、前モデルのスーパー・デラックスのレベルに達していた。そのほか、外観上の変更点として挙げられるのは、ドア周りのデザインが新しくなったことや、室内に関してみれば、スピードメーター／燃料計／水温計付きのメーターパネルと灰皿のデザインの変更、3本スポークのステアリングホイールの採用、分厚くなったシートといったところだろう。また、ベンチレーションも改善された。

1969年には37ps、998ccのエンジンを搭載したクラブマンが登場したが、このクルマには、ほかのモデルで取りやめになったハイド

縦型

1969年のクラブマンのグリルは、クロームの3本のバー付き。中央に縦型のロゴが入る。このフロントによってボディは120mm広くなり、わずかとはいえ、車重と性能に影響を及ぼした。エンジンは1000ccで出力は37ps。

フェイク・ウッド

1969年10月、クラブマンにエステートが加わる。トラベラーをモダーンにしたこのクルマには、ウッド調のプラスティック・トリムが採用されたが、ユーザーの轟々たる非難を浴びたため、1976年にデカールのラインに変わった。上はスイス市場向けのドイツ語カタログ。このロマンティックなカタログのディテールは85ページで紹介している。新しい空調システムが見られる。

ロラスティック・サスペンションが引き続き採用されていた。

　その後の反応がどうであれ、デビュー当時のマスコミの評判は悪いものではなかった。それがこのクルマの寿命を伸ばした理由なのだろう。その存在にさしたる意味を持っていなかったにもかかわらず、10年以上、生産されたのだった。

　1971年6月、ハイドロスティック・システムからシンプルなサスペンションに変更され、

1975年にはエンジンが1098ccに拡大された。このエンジンは、1962年に登場したオースティン／モーリス1100に採用されたのと同じものだ。1000はオートマティック仕様として残された。

フェイスリフトが行なわれたのは、1976年の1回のみである。新意匠のグリルには十字にラインが通り、"MINI"の文字とBLのロゴが中央に配置された。メーター類も改良された。

1978年には着色ガラスが採用されたほか、

テクニカルデータ
ミニ・クラブマン エステート（1978）

【エンジン】＊形式：直列4気筒／横置き ＊ボア×ストローク：64.6×83.7mm ＊総排気量：1098cc 最高出力：46.0ps／5250rpm（DIN） 最大トルク：70Nm／2700rpm（DIN） ＊圧縮比：8.5：1 ＊タイミングシステム：OHV／2バルブ ＊燃料供給：SU HS4

【駆動系統】＊駆動方式：FWD ＊変速機：4段 ＊クラッチ：乾式単板 ＊タイア：145SR10

【シャシー／ボディ】＊形式：モノコック／3ドア・ワゴン ＊乗車定員：4名 ＊サスペンション：（前）独立 ダブルウィッシュボーン／ラバーコーン、テレスコピック・ダンパー （後）独立 トレーリングアーム／ラバーコーン、テレスコピック・ダンパー ＊ブレーキ：ドラム ＊ステアリング：ラック・ピニオン

【寸法／重量】＊全長×全幅×全高：3400×1410×1360mm ＊ホイールベース：2140mm ＊トレッド：（前）1210mm （後）1180mm ＊車重：686kg

【性能】＊最高速度：125km/h

テクニカルデータ
ミニ・クラブマン 1275GT（1969）

【エンジン】＊形式：直列4気筒／横置き ＊ボア×ストローク：70.6×81.3mm ＊総排気量：1275cc ＊最高出力：61.0ps／5300rpm（DIN）＊最大トルク：93Nm／2550rpm（DIN）＊圧縮比：8.8：1 ＊タイミングシステム：OHV／2バルブ ＊燃料供給：SU HS2

【駆動系統】＊駆動方式：FWD ＊変速機：4段 ＊クラッチ：乾式単板 ＊タイヤ：145SR10

【シャシー／ボディ】＊形式：モノコック／2ドア・セダン ＊乗車定員：4名 ＊サスペンション：（前）独立 ダブルウィッシュボーン／ラバーコーン（後）独立 トレーリングアーム／ラバーコーン，ハイドロラスティック・システム（液圧式前後関連懸架）＊ブレーキ：（前）ディスク／サーボ（後）ドラム／サーボ ＊ステアリング：ラック・ピニオン

【寸法／重量】＊全長×全幅×全高：3170×1410×1350mm ＊ホイールベース：2040mm ＊トレッド：（前）1240mm（後）1200mm ＊車重：670kg

【性能】＊最高速度：140km/h

　フィラーキャップに鍵が付き、防眩切り替え式リアビューミラーが装着された。また、サンバイザー裏にバニティミラーが装備され、ホイールキャップのデザインがスポーティになっている。

　1980年8月、イタリアに輸入されることのなかったクラブマン・サルーンは、ミニ・メトロに道を譲る。翻って、イタリアに入ってきたのはクラブマン・エステートだった。カントリーマンとトラベラーを受け継いだこのモデルは、装飾をウッド調で仕上げているが、実際にはプラスチック製だ。さすがに、これには非難が集中したため、1976年のフェイスリフトの際に取り払われた。クラブマン・エステートはカントリーマン／トラベラー同様、このモデルと相性のいいラバーコーン・サスペンションが最初から採用されていた。生産は1982年まで続けられた。

代わりを見つけることなど不可能な、それほど誰からも愛されたミニ・クーパーだったにもかかわらず、後継に1275GTが据えられることになる。ブリティッシュ・レイランド社長、ドナルド・ストークスがジョン・クーパーとの契約更新を行なわなかったために、1969年10月、エステート発表に際し、クラブマン・シリーズのスポーツ・バージョンとしてこのニュー・モデルが発表されたのだった。

超有名だった先代から1275GTが受け継いだのは、しかし、輝かしい名前の重圧と、グレードのトップに位置するパフォーマンスだけだった。オースティン／モーリス1300から転用された1275ccユニットはシングル・キャブレターだった。クーパーS Mk.IIの76psに対して、そのパワーは61ps（DIN）にすぎない。ただし、安全性を確保するサーボ付きのディスクブレーキがフロントに採用されており、クーパーで装備されていなかったレヴカウンターが採用されたのは奇跡といえよう。本来ならクラブマンの"ワル"バージョンであるはずのこのモデルだが、実際のところ、外観上はクラブマンのノーマル・バージョンと変わりなかった。赤で記された"GT"の文字とマットブラックのグリルが、おとなしいノーマル・バージョンとの唯一の違いといえるだろう。

GTは目立つことなく1970年代を過ごす。1971年、ホイール／タイアが12インチとなったが、これはミニ史上初のことだった。この機会にブレーキディスク径も大きくなり、燃料タンクの容量が増えて34ℓとなった。パワーは逆に55ps（DIN）に低下、これは新しい冷却システムの採用が原因だった。

1275GTのフェイスリフトが行なわれたのは1976年で、GTの文字がなくなり、シートが新調され、バニティミラー、助手席側のサイドミラーが新たに採用になったほか、ドアポケットが装備された。

この年の11月22日、1959年の販売開始以来400万台目にあたる、白くペイントされたミニがラインオフした。翌年からは、それまでオプションだった、アンチ・パンクチャー（パンクしにくい）・タイア、デノーヴォが標準装備となる。1979年にはドアミラーとウィンドー・モールが黒く塗装された。

1980年8月、1275GTクラブマンの生産は終了し、合計生産台数は11万台だった。

スポーツタイプ、求む

1969年10月、クラブマンに新しいバージョンが加わる。これは、かのミニ・クーパーに代わるモデルとして用意されたものだった。1275GTの"スプリント"は弱く、グリル上のGTの文字と横のライン以外、ふつうのサルーンと変わるところがなかった（89ページはデビュー時、本ページ左は1976年型モデル）。エンジン・パワーはクーパーより劣る。豪華になったところは、レヴカウンターが装着された点だろう（86ページ上）。

オースティン・ミニ・クラブマン・エステート インプレッション

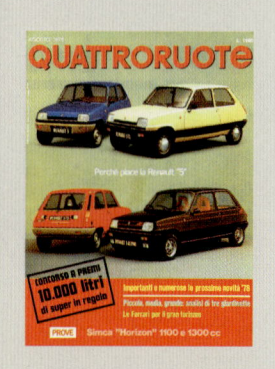

さまざまなセグメントのワゴンと

1978年8月号の『クアトロルオーテ』の表紙は、大ヒットしたルノー5。ミニ・クラブマン・エステートは、メルセデス300TD、プジョー304ブレーク、この2台の異なるセグメントのワゴンとともにテストされた。右の写真はクラブマン・エステートのインテリア。3本スポークの新しいステアリングホイールが目につく。その右の写真は観音開きの2枚のドアが特徴のリア。

このクルマのルーツであるトラベラー同様、ミニ・クラブマン・エステートのユーザーもまた、小さくてエレガントでお洒落、それでいて荷物が積める、そんなクルマを欲しがる人々だった。個性的なデザインのみならず、すべてにおいて彼らの希望が叶うこのワゴンは、新しいファンを獲得した。

1978年8月、クアトロルオーテはイタリアでもっとも売れたこのイギリス車のテストを行なっている。

「エクステリアを見るかぎり、荷物が積めるおとなしいファミリーカーといった雰囲気を持つが、その性能は侮れない。路上での挙動はスポーティといっていいほどに活発で、紛れもなくミニ一族の一員だ」

運動性能から言及しよう。数値においては、まちがいなくメーカー側の公表値を上回る。公表された最高速度が125km/hだったのに対して、テストでは135km/hを記録、加速テストに関しては、シリンダー数が多い上のクラスのクルマにも対抗しうるタイムを記録した。4速30km/hからのフル加速で、1kmに達するまでが40秒少々、このクラスでは圧倒的な速さである。対照的に制動テストの結果は、きびきびとしたステアリング・フィーリングからは信じられないのだが、あまり高い評価は得られなかった。サーボ・ユニットを持たない4輪ドラムブレーキは、限界に到達しない範囲では有能だ。

いっぽう、ステアリングは正確でダイレク

PERFORMANCES

最高速度	km/h
	135.950

燃費(4速コンスタント)

速度 (km/h)	km/ℓ
60	21.5
80	17.9
100	13.9
120	11.1
130	9.9

発進加速

速度 (km/h)	時間(秒)
0−40	4.0
0−60	6.6
0−80	11.0
0−100	19.4
0−120	31.6
停止−400m	20.3
停止−1km	39.0

追越加速(4速使用時)

速度 (km/h)	時間(秒)
30−60	8.2
30−80	14.5
30−100	22.5
30−120	35.0

いつものスピリット

ボディシェルは改良されたものの、英国風は失われていない。クラブマンはクラシックなミニのキャラクターをたくさん受け継いでいる。活発なパフォーマンスや良好なロードホールディングもしかりだ。

キャパシティ

クラブマン・エステートのリアへの変更は少ない。四角い箱に170ℓの積載スペースがある。リアシートを倒すと408ℓになる（下右、イメージ写真）。下左の写真は4人乗車時のスペース。1976年、イタリアへの輸入がスタートしたときの値段は268万リラだった。

トだ。コーナーでもコースから外れることがない。だが、出口でのキャスターアクションはかなり強い。

ギアボックスはスポーティな味付けで、正確にシフトを入れることを要求するタイプのものだ。シフトフィールも良いといえるが、操作感は硬い。クラッチは唐突につながり、徐々にミートするタイプではない。快適性については従来のミニと同じレベルで、相変わらずこのクルマの弱点といえるだろう。

「サスペンションは、路面状態のいいストレートでは良好だが、コーナーが続く道路に入ると硬さが感じられる。また、スピードが出ていないときに比べると、高回転時のエンジンノイズはかなり気になる」

ロードホールディングは最高だ。コーナーで加速するとアンダーステアの傾向にあるが、ステアリング操作やスロットルをオフにし、タックインを誘発することによって修正することができる。この傾向は特にウェット路面で顕著だが、それを差し引いても、依然高い安全性を保ったクルマであるといえる。

燃費については、高速道路では12〜13km/ℓ、一般道では14〜15km/ℓだった。

トレンディに変身

1970年代の終わり、イタリアでもまたワゴンは、業務用車輌のイメージからファッションのそれへ、姿を変えつつあった。クラブマン・エステートは、まさにワゴンをお洒落と感じる人々にぴったりのクルマだったのだ。

ミニMk.III 1969〜1982

バッヂ
1969年に行なわれた3代目ミニのプレゼンテーションで、"ミニ"はブランドとなった。これにより、オースティンとモーリスの名が姿を消すことになる。Mk.IIIのモデルラインナップは、850（上、ドライバー側のサイドミラーが装着されたのは1974年から）と1000（下右）と、クーパーS（下左）の3種からなる。大きな変更点はドアヒンジが内蔵になったことだが、これによってボディシェルも改良されることになった。メカニカルパーツに変更はないが、850と1000ではハイドロラスティック・サスペンションが不採用となった。

　1969年10月の段階で、ミニの総生産台数は200万台に手が届くところまできていた。この時期にクラブマン・エステートがデビューする。そして、オースティン、モーリス、ジャガー、ローバー、トライアンフがブリティッシュ・レイランド・モーター・カンパニーの傘下に収められ（グループのショート・ストーリーについては128ページを参照）、イシゴニスが手掛けた革新的な小型車の3代目が発表された。

　さて、最初のニュースは"ミニ"が車名からブランド名になったことである。これに次ぐニュースはボディシェルの変更で、露出していた外側のドアヒンジが内蔵式になったことだろう。実際のところ、ボディフロアからインテリアトリムまで、大幅に手が入れられていた。

92　Quattroruote・Passione Auto

ヒンジをボディのなかに隠すドアはわずかながら大きくなって、サイドウィンドーが巻き上げ式になるいっぽうで（数年後にはパワーウィンドーが装備される）、便利だったサイド・ポケットがなくなった。

　メカニズム系統にはたいした変更はみられないが、コスト高だったハイドロラスティック・サスペンションが廃止され、1959年のラバーコーンが復活している。

　ベースモデルの850はシンプルなままで快適性は皆無、もしくはあったとしてもほんの少しでしかなかった。1971年まではオプションでオートマティックが用意されたが、その需要は少なかった。

　1974年モデルから850は少し豪華になる。リアウィンドーが熱線入りとなり、助手席側にサンバイザーが装着された。ドライバー側にはサイドミラーが設置され、シートベルトも用意された。長い期間を経て徐々に豊かになっていく、そのはじめの一歩が踏み出されたのだ。メカニズムに関しても同様で、1974年には上記のほかに、新しいキャブレターが採用されている。1976年にはダッシュボードとグリルが新しくなり、1977年にはマットブラックに塗られた。850Mk.IIIの生産は1980年まで続き、後継といわれるメトロに代わった。

　そのいっぽう、もっとも長命だったのは1000で、1982年4月まで生産が続けられた。3基のメーターを備えたダッシュボードや開閉可能なリアウィンドーからもわかるとおり、もっとも豪華なミニで、998ccエンジンを搭載する。改良は全体にわたって継続的に行なわれていった。1974年にはフロアカーペットが新しくなり、1977年にはツートーンカラーのシートがリクライニング可能となった。

　1976年、ブリティッシュ・レイランド・イタリアは850と1000の輸入を決定する。価格は850が218万3000リラ、1000は233万6000リラだった。

　唯一、ラリーでの輝かしい記憶を思い出させる3代目のクーパーSは、1969年11月に発表された。1970年3月の販売開始まで、オフィシャル・フォトにはダブル・バッヂ（オースティン／モーリス）で写っていた。

　オーバーライダー付きバンパー、ツイン・ガソリンタンクのクーパーS Mk.IIIは1000とほぼ同じ仕様だったが、サスペンションに関してのみ、ハイドロラスティックが残された。1971年7月、クーパーSの生産が終了すると、代わってクラブマン1275GTが登場した。

驚きのクルマ
上の写真は3基のメーターを備えた1000のダッシュボード（850はスピードメーターのみ）。デビューから10年目を迎えるミニも、またファミリーカーを目指した（左下）。これはドイツ・マーケット用のカタログで、制作者は「das Wunderauto／驚きのクルマ」と記した。

イノチェンティ・ミニMk.3 1970〜1972

ブリティッシュ・レイランド・カンパニーが協力関係を強化しようともくろむなか、イノチェンティは1969年にロンドン・ショーで発表されたモデルをイタリア向けに手を加え、同時にクラブマン・シリーズの生産見送りを決定する（イタリアに輸入されたのはエステートのみ）。

イノチェンティ・ミニMk.3も巻き上げ式ウィンドーが採用されたが、1970年4月号の表紙にこのクルマを掲載したクアトロルオーテでは、こう記している。「こうして大衆車の重要なキャラクターが、またひとつ、消えることになった。ドア内側のメタルのポケットもプラスチックのそれに変わっている」

さて、内蔵式ヒンジになったことでサイドウィンドーは大きくなった。ドア・ハンドルはキー・ロック付きのプッシュ・ボタン式である。巻き上げ式ウィンドーとともにベンチレーション・システムも一新され、エンジンルームに付けられたエアインテークからダッシュボードへつながるベンチレーターが装着された。

クラシック・ヒンジとの決別

イノチェンティ・ミニ（左はベース・バージョン、その右はクーパー）は本国での3代目の登場に合わせて、すぐにモディファイが実施された。露出していたヒンジが内蔵式に、ウィンドーが巻き上げ式になり、イシゴニスがジンのボトルのサイズに合わせてデザインしたといわれる、ドアパネルに付属するドアポケットが、金属性からプラスチック製に変わった。

表紙

イノチェンティ・ミニMk.3のデビューに合わせて、クアトロルオーテは表紙にこのクルマを採用した。1970年4月号の記事では、シート、ヒール・アンド・トゥがしやすくなったスロットルペダル、ステアリングホイールなど、改良点を紹介。ダッシュボードにエア吹き出し口が装着されたほか、クーパーではダッシュボードの上部が反射防止のために黒く塗装された。

テクニカルデータ
イノチェンティ
ミニ・マティック
(1970)

【エンジン】＊形式：直列4気筒／横置き ＊ボア×ストローク：64.6×76.2mm ＊総排気量：998cc ＊最高出力：46.0ps／4800rpm（SAE）＊最大トルク：80Nm／2400rpm（SAE）＊圧縮比：8.9：1 ＊タイミングシステム：OHV／2バルブ ＊燃料供給：SU HS4

【駆動系】＊駆動方式：FWD ＊変速機：4段自動 トルクコンバーター ＊タイア：145SR10

【シャシー／ボディ】＊形式：モノコック／2ドア・セダン ＊乗車定員：4名 ＊サスペンション：(前) 独立 ダブルウィッシュボーン／ラバーコーン (後) 独立 トレーリングアーム／ラバーコーン、ハイドロラスティック・システム（液圧式前後関連懸架）＊ブレーキ：ドラム ＊ステアリング：ラック・ピニオン

【寸法／重量】＊全長×全幅×全高：3050×1410×1340mm ＊ホイールベース：2030mm ＊トレッド：(前) 1200mm (後) 1160mm ＊車重：655kg

【性能】＊最高速度：125km/h

　室内の違いは新しくなったシート、ステアリングホイール、サイドミラー、ワイドになったスロットルペダルなどにみられる。『クアトロルオーテ』でも記しているとおり、スロットルペダルの形状が変わったことで、ヒール・アンド・トゥがしやすくなった。

　Mk.3のエンジンは前モデル同様、出力48ps（SAE）の848ccで、最高速度は135km/hを記録した。用意されるボディカラーは7色で、ベルリーナ（サルーン）の価格は96万9000リラとなり、Mk.2より1万8000リラ高くなっている。エステートの値段は据え置きされた。クーパーもまた850と同じ改良が実施され、スポーティなキャラクターを考慮してバケットシートが採用されたことが新しい。価格は、クーパーMk.2より1万3000リラ高い126万9000リラだった。そのパフォーマンスとエンジン・キャラクターは前モデルとあまり変わらず、最高出力は60ps／5800rpm（SAE）、最高速度は150km/hである。

　また、イタリアで生産されるMk.3に、初めてAT仕様が用意された。これは1964年から本国のミニに搭載されているオートモーティブ・プロダクツ製で（イタリアでは1966年から輸入販売された）、評判にはならなかったが、渋滞する街乗りにはよく適合していた。このミニ・マティックはマニュアル車と比較すると、排気量の大きなエンジンが搭載され（848ccに対して998cc）、車重が増えている。出力はマニュアル車の48psに対して46psと、わずかに劣る。もっとも大きな違いは値段で、ミニ・マティックは19万リラ増の115万9000リラにもなった。

　デビューから数ヵ月後には、クアトロルオーテによるテストが行なわれた。

MINI MATIC

オートマティックだがマニュアル操作でも

　ミニ・マティックのギアボックスはオートマティックとマニュアルの双方の操作が可能だ。
　オートマティックとして使用する場合は、レバーをD（ドライブ）のポジションに入れておけば、速度に従って自動的に作動、速度と必要なトルクによってレギュレーター・バルブがギアをセレクトする。軽くスロットルペダルを踏むと、低速でもシフトアップする。さらにスロットルを踏み込むと、キャブレターのバタフライが最大に開き、高速域で4速になる。スロットルペダルを床まで踏み込むとキックダウンするが、67km/h以上ではマニュアルで操作が必要となる。このマニュアル操作については、通常のマニュアル車と同じ方法をとればよいが、ドライバーはギアボックスにダメージを与えないよう、どのくらいのスピードが出ているか、つねに気をつける必要がある。80km/h以上では3速で走ってはいけないし、65km/hは2速の限界といった具合だ。また、ニュートラルで惰走することも、エンジンブレーキが効かないので禁止されている。

イノチェンティ・ミニ・マティック インプレッション

　オートマティック・トランスミッションを搭載したミニもまた、このクルマ独特のドライビング・キャラクターを充分に持ちあわせている。すなわち、活発で高いロードホールディング性能を持ち、ステアリングは正確でパフォーマンスも抜群ということだ。さらに、この新しいバージョンではクラッチ操作から開放されて、街乗りにも適したクルマになった。「移動がラクだ。街中をドライブした一日の終わりに、このクルマの良さを実感する」クアトロルオーテがこう記したのは、1971年の5月号だった。

　この時代、オートマティック・トランスミッションを搭載した小型車は、まだ少なかった。というのも、スペースの問題もさることながら、燃費の悪さが大きなネックとなっていたからだ。加えて、マイナーとほぼ同じエンジン・パワーのミニ・マティックは、マニュアル車に比べて加速の点で劣る。とはいうものの、これは限界性能での話で、日常的な使用では問題なく、充分なクォリティを保っている。

「加速については30km/hから1kmを走りきる全開加速の計測では、4速固定のマニュアル車よりDレンジのオートマティックのほうが6秒速くなった。ドライビングが楽なことばかりがこのクルマのメリットではないのだ」燃費の面では、マニュアル車が低回転時にわずかばかり経済的だが、いずれにしても2台にたいした差はない。

　ブレーキはまだドラム式で、酷使に弱い。オートマティック車の性格を考えると、ブレーキは改善しなければならない点だろう。

シティカー
クアトロルオーテは、1971年5月号の表紙にミニ・オートマティックを選んだ。この号ではアウトビアンキA112スポルティーヴァやランチア2000の記事、フィアット127、メルセデス350SL、トライアンフ2500PIの試乗が行なわれている。ミニ・マティック（左は計測中の写真）がミニ・マイナーMk.3とほぼ同じパワー（48psに対してマティックは46ps）を有することから、比較テストにはマイナーが選ばれた。

PERFORMANCES

	Mk.3	マティック		Mk.3	マティック
最高速度		km/h	停止―400m		21.7
	136.343	127.741	停止―1km	39.3	41.5
燃費（4速／D コンスタント）			追越加速（4速／D使用時）		
速度(km/h)		km/ℓ	速度(km/h)		間(秒)
60	19.6	20.4	30―40	3.3	1.6
80	18.2	16.4	30―60	12.1	5.0
100	14.7	13.6	30―80	21.2	10.1
120	11.3	11.1	30―100	33.2	19.5
発進加速			制動力		
速度(km/h)	時間(秒)		初速(km/h)		制動距離(m)
0―20	0.9	1.6	40	8.9	11.0
0―40	3.1	4.2	60	21.5	23.5
0―60	6.0	7.5	80	39.7	40.3
0―80	10.9	13.0	100	65.0	61.2
0―100	18.4	22.8	120	――	85.0

レイランド-イノチェンティ・ミニ 1000／1001／T／クーパー 1972〜1976

順調な販売が続いていたにもかかわらず（年間6万台）、イノチェンティの財政状態は良好とはいえなかった。創設者が逝去し、彼のカリスマが影響力を失うや、経営人事面でも問題がではじめた。1971年、イノチェンティはフィンシダー（産業再生機構）の監視下に入り、翌年にはブリティッシュ・レイランドに買収された。皮肉なことに、この年、イタリア版ミニは累計で30万台の販売台数を記録、国内市場でトップ4に入り、イノチェンティは販売台数でイタリア第3位のメーカーとなっていた。

レイランド-イノチェンティは、年間生産台数を1972年中に7万5000台まで引き上げることを決定する。1973年末には9万台、1975年までには11万台に増やす計画だった。

また、激しくなる一方のライバルとの戦いを勝ち抜くために、メーカーはクルマを根本的に見直す必要に迫られる。1972年初め、こうして4シリーズ目が発表になった。初期にはMk.3と並行して販売されたのだが、このシリーズからモデル名が、シリーズ名から排気量の数字に変わっている。つまり、ミニ1000は998ccエンジンを搭載することからその名を与

4度目
Mk.3の登場から2年後、ミニのニュー・シリーズが登場した（上は当時のカタログ）。13年のキャリアを経ても、まだリクエストが絶えない珍しいクルマだ。改良は室内中心で（右の写真は1000のもの）、シフトノブが新しくなり、フレッシュ・エアの吹き出し口が装着され、空気の循環がさらに良くなった。

**排気量が
ひとめでわかる**

モデルのアイデンティティを示すのは（リアとグリル上に装着された）シリーズ名ではなく、排気量である。4代目のイタリアン・ミニは黒のプラスティック製グリルとリバースランプが組みこまれたテールランプが特徴。フィラーキャップも前モデルのそれとは異なるデザイン。

テクニカルデータ
レイランド イノチェンティ ミニ1000（1972）

［エンジン］＊形式：直列4気筒／横置き ＊ボア×ストローク：64.6×76.2mm ＊総排気量：998cc ＊最高出力：55.0ps／5600rpm（SAE）＊最大トルク：76Nm／3200rpm（SAE）＊圧縮比：9.0：1 ＊タイミングシステム：OHV／2バルブ ＊燃料供給：SU HS4

［駆動系統］＊駆動方式：FWD ＊変速機：4段 ＊クラッチ：乾式単板 ＊タイア：145SR10

［シャシー／ボディ］＊形式：モノコック／2ドア・セダン ＊乗車定員：4名 ＊サスペンション：（前）独立 ダブルウィッシュボーン／ラバーコーン, テレスコピック・ダンパー（後）独立 トレーリングアーム／ラバーコーン, テレスコピック・ダンパー ＊ブレーキ：ドラム ＊ステアリング：ラック・ピニオン

［寸法／重量］＊全長×全幅×全高：3050×1410×1340mm ＊ホイールベース：2030mm ＊トレッド：（前）1240mm（後）1210mm ＊車重：625kg

［性能］＊最高速度：145km/h

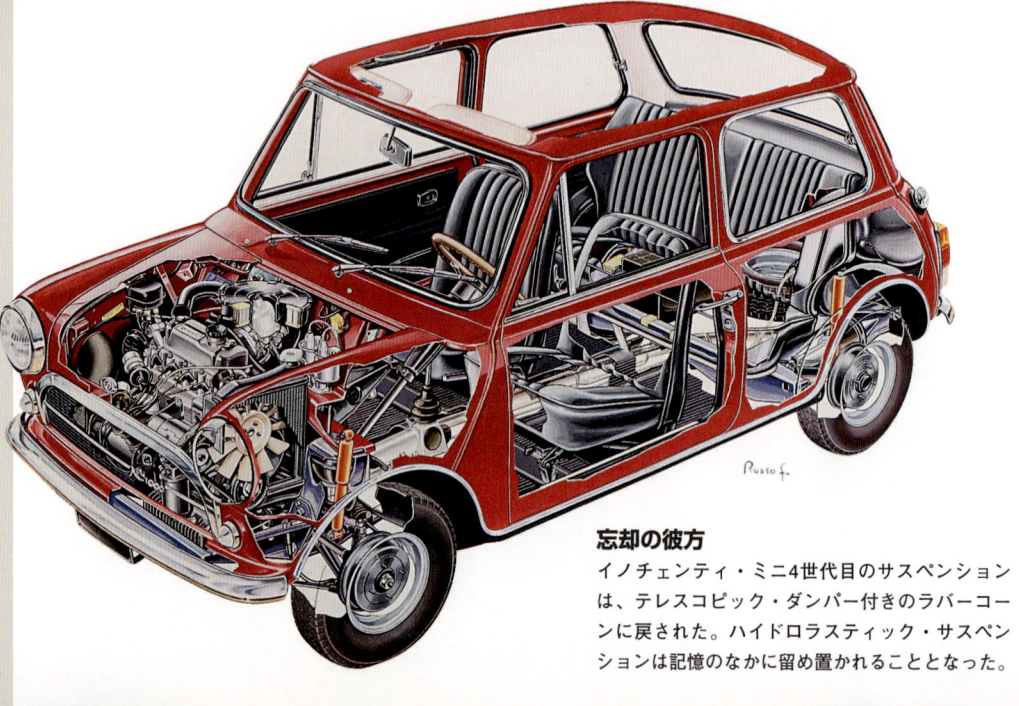

忘却の彼方
イノチェンティ・ミニ4世代目のサスペンションは、テレスコピック・ダンパー付きのラバーコーンに戻された。ハイドロラスティック・サスペンションは記憶のなかに留め置かれることとなった。

えられたというわけだ。このエンジンはクーパーから転用されたものだが、キャブレターは1基で出力は55ps（SAE）を発揮する。最高速度については、メーカーの発表では145km/hとなっているが、これは850に比べると10km/h速い数値である。

ブレーキ・システムに関していうと、全輪にドラム式が装備されたままだが、性能が増した新型には、充分とはいいがたい。サスペンションはハイドロラスティックからラバーコーンに戻され、油圧ダンパーが確実なロードホールディングを保証する。外観上ではミニ1000はグリルが新しくなり、周りをクロームメッキが囲んでいる。テールランプにはリ

バースランプが組みこまれた。"MINI1000"のロゴはフロントとリアの双方に装着され、フィラーキャップが一新された。

室内には細かな変更がみられる。シートはわずかながら変わり、シフトノブとルームランプ、ドアポケットが新しくなった。また、新しいボール型のフレッシュ・エア吹き出し口が付いて、空気の循環が改善されている。フード・オープナーは室内に設けられた。

同じエンジンと同じ装備を備えたエステートも登場する。これがミニTである。木枠はなくなったが、ドアノブと同じ高さにクロームのラインが入った。

オートマティック搭載モデル、"マティック"は998ccエンジンが据え置きされた（出力46ps（SAE）／最高速度125km/h）。

数ヵ月後、1972年モデルの1001がデビューする（クーパー1300も含む）。このモデルは1000のデラックス版と位置づけられた。メカニカルな部分については同じだが、ダイナモに代わってオルタネーターが採用された点のみが異なる。

質の向上が価格に反映し、1000の価格は115万リラ（Tも同じ）、1001はプラス5万2000リラであった。

ロゴ以外の外観上の違いは、フィラーキャップと対をなすホイールカバーのデザインと、クロームのウィンドー・フレームである。インテリアでは、シート、カーペット、熱線入りリアウィンドー、ライター、ステアリングホイール、シフトノブ、そしてウッドのダッシュボード、ドアトリムにその差がみられる。ペダルのデザインも変更を受け、ブレーキおよびクラッチペダルが双方とも大きくなり、ヒール・アンド・トゥにより適したものとなった。

クーパー1300のデビューでシリーズは完結する。出力71ps（SAE）の1275ccエンジンはパワフルなレース仕様だが、クーパーSからではなく、モーリス1300GTから転用されたものだ。出力は低下しているが、英国仕様の顔に泥を塗るようなことはない。実際、イタリア版クーパーの最高速度は160km/hに達した。

同じ価格
T（上）と1001（100ページ下）の価格は、1972年の段階で、いずれも115万リラ。スペースとユーティリティを提供するTに対して、1001は女性ユーザーに人気だった。ウッドのステアリングホイールやシフトノブといった、ディテールに豪華さを与えた点が、女性の心を捉えたのだろう。

テクニカルデータ
レイランド イノチェンティ・ミニ クーパー1300 （1972）

【エンジン】 ＊形式：直列4気筒／横置き ＊ボア×ストローク：70.6×81.3mm ＊総排気量：1275cc ＊最高出力：71.0ps/5800rpm（SAE） ＊最大トルク：108Nm/3200rpm（SAE） ＊圧縮比：9.8：1 ＊タイミングシステム：OHV／2バルブ ＊燃料供給：SU HS2

【駆動系統】 ＊駆動方式：FWD ＊変速機：4段 ＊クラッチ：乾式単板 ＊タイヤ：145SR10

【シャシー／ボディ】 ＊形式：モノコック／2ドア・セダン ＊乗車定員：4名 ＊サスペンション：(前）独立 ダブルウィッシュボーン／ラバーコーン, テレスコピック・ダンパー (後) 独立 トレーリングアーム／ラバーコーン, テレスコピック・ダンパー ＊ブレーキ：ドラム ＊ステアリング：ラック・ピニオン

【寸法／重量】 ＊全長×全幅×全高：3060×1410×1340mm ＊ホイールベース：2030mm ＊トレッド：(前）1240mm (後) 1210mm ＊車重：640kg

【性能】 ＊最高速度：160km/h

なんたる迫力！
外観上はいつもの、ツートーンカラーのボディに新しいホイール。室内には、金属スポーク付きステアリングホイール、ラリーでのミニの栄光を彷佛させるメーター類が備わる。これでもまだ、クーパー1300のスピリットに疑いがありますか？

燃料タンク容量は1000の26ℓに対して36ℓとなっている。

外観上の違いは、ロゴとツートーンカラーのボディ以外ではホイールにみられる。室内に目を移すと、クーパー1300のダッシュボードは、電流計を含めた6つのメーターが並ぶ。新たにブレーキの警告灯も用意された。また、カーペットと天井の内張りも新調されたほか、ハンドブレーキのグリップとシフトノブが変更され、熱線入りリアウィンドーが採用された。ペダル類はレース仕様タイプに変わっている。

クーパー1300は、オリジナルに遜色ない高い質を持ったクルマに仕上がり、クラブマンでは満足できないファン向けに、イギリスにも何台か輸出されたほどだった。

1973年3月には輸出版が発表された。イタリア国外向けのモデルだが（ただしイギリス、スイス以外）、1000、1001とクーパー（つまりT以外）がこのシリーズに含まれた。ニューモデルはボディが改良され、メカニカル・コンポーネンツも改善された。"エクスポート"とロゴが入っているほか、ハンドブレーキのウォーニングランプ、2スピード・ワイパー、ステアリング・ロック、アシストグリップ、助手席側サンバイザーのバニティミラー、電磁ホーンが装備されている。1001には電動式ウォッシャーが用意された。

イノチェンティではクーパー1300エクスポ

正真正銘、最後の イタリアン・ミニ

エクスポート・シリーズは1973年にデビュー（下はカタログ写真）。文字どおり、輸出マーケット向けだ。メカニズム、装備ともに改良されている。ベルリーナ（サルーン）のみ用意された（左の写真はこの時代のイタリアB級映画のスター、ロサルバ・ネリとミニ）。左下は300台生産されたクーパー1300エクスポートの1台。

ートを300台生産したが、このモデルにはビニール製のサンルーフが付く。また、マットブラックにペイントされたバンパーが装備され、シートが新調されて着色ガラスとなった。

ベルトーネでボディ製作が行なわれたイノチェンティの生産は、1976年に終了する。この時からイタリアのミニ・ファンは、以前のように、イギリスからの輸入モデルに頼らざるをえなくなった。

レイランド-イノチェンティ・ミニ 1000／クーパー1300 インプレッション

まっ黄色

1972年5月、炎のようなミニが表紙を飾った。横に並んだのはラファエッラ・カラ。この時期、フィアット132がデビュー。アルフェッタのスクープ写真も掲載された。ミニ1000とクーパー1300（右下）のほか、ポルシェ911Sとランチア・フルヴィア2000インジェクションのテストも行なわれた。

「デビューから13年、およそ300万台がイギリスで販売されたにもかかわらず、ミニは色褪せることがない」——1972年5月号のクアトロルオーテが行なった新しい1000とクーパー1300のテストは、こんな書き出しで始まっている。

排気量の小さい1000は活発なところをみせる（総合性能テストの一環としてシャシーダイナモで計測）。最高速度は140km/hを楽に超え、低回転でも問題がない（これが850ccモデルとの違いだ）。加速と制動力のテストでもすばらしい成績を記録した。

ギアとステアリングはMk.3のものだが、ノイズが少々気になる。しかし、シンクロは悪くない。ステアリングは正確で、スポーティ・ドライブも難なくこなす。

快適性について記そう。「ハイドロラスティック・サスペンションを搭載した前モデルと比較すると、ハイスピード時は剛性に乏しい。だが、通常のドライビングではしなやかだ」

ロードホールディングはピッコラ（小さな）・イノチェンティのままである。といってもこの時期、多くのすばらしい性能をもった前輪駆動モデルが登場していたことで、感動は少なかった。

ミニ・ファミリーのスポーツ・バージョン、クーパー1300の性能は、まぎれもなくクーパーのそれだ。「これだけ高いパフォーマンスを持ったクルマでは、さらなるパワー／スピードの向上を求める必要はない」 実際、ニュー・クーパーは160km/hをクリアした。1300クラスでこの速度に手が届くクルマは少ない。

制動力は、フロントにサーボ付きのディスクブレーキが採用された結果、向上しており、充分なレベルにまで強化されていた。

ハンドリングについていえば、驚きのひとことしかない。ワインディングロードが続くコースでもまったく問題なかった。性能が向上したにもかかわらず、燃費はクーパー1000とほぼ同じだった。快適性に改善の余地を残したのが唯一、残念な点だ。曰く、「室内に入ってくるノイズと振動が気になる」。

PERFORMANCES

	1000	クーパー
最高速度		km/h
	143.158	160.714
燃費（4速コンスタント）		
速度(km/h)		km/ℓ
60	21.5	19.8
80	18.5	17.7
100	15.8	14.1
120	11.7	10.7
140	7.7	8.1
150	——	7.1
発進加速		
速度(km/h)		時間(秒)
0—20	1.0	1.1
0—40	2.8	2.5
0—60	5.4	4.6
0—80	9.5	7.4
0—100	14.8	11.3
0—120	25.5	17.0
0—140	——	28.0
停止—400m	19.3	16.2
停止—1km	36.9	33.7
追越加速（4速使用時）		
速度(km/h)		時間(秒)
30—40	3.2	2.8
30—60	9.2	8.0
30—80	15.9	13.3
30—100	23.9	19.1
30—120	35.7	26.1
30—140	——	37.2
制動力		
初速(km/h)		制動距離(m)
40	8.9	——
60	21.5	20.6
80	39.7	35.5
100	65.0	53.2
120	——	74.6
140	——	99.2

活発

新しいピッコラ・イノチェンティは性能が光る。最高速度計測を含めて、テストではすばらしいタイムを叩きだした。快適性は改善の余地ありで、ノイズが問題だった。

レイランド-イノチェンティ・ミニ 90／120 1974〜1983

ミニ、生まれ変わる
イタリアン・デザイナー(ベルトーネ)によって生まれた、コンパクトながら広いスペース(5人乗り)を持つ新しいレイランド-イノチェンティのユーティリティカーは、アレック・イシゴニスのミニの成功を再び呼び戻す資格が充分にあった。1974年デビュー。998ccエンジン搭載の90(下左)と1.3ℓの120(下右)、この2バージョンが用意された。

　1972年夏、ブリティッシュ・レイランドによるイノチェンティ買収後、すぐにミニの新型を出す計画がスタートした。目的は、手強いライバルが次々出現するなか、長い歳月を経たミニを時代に合わせて改良することにあった。
　買収されはしたものの、モディファイにあたり、イノチェンティには決定権が与えられていた。しかし、それはこの時期のイノチェンティにとっては必ずしもありがたい話ではなかった。というのも、ゼロの状態から新しいクルマを作り出す経済的な余裕が、イノチェンティにはなかったのだ。初期の段階から採配を揮ったのは、スーパーバイザーを務めるエンジニアのカッカモだったが、ミニのメカニカル・コンポーネンツについて、彼はこのままで充分いけると判断し、同時に信頼性も高いと考えた。なにより、エネルギー危機の時代に全長3mの小型車はぴったりだと主張していた。したがって、モディファイを受けたのは、そのほとんどがボディ関連だった。
　デザインを担当したのは、1967年にランブレッタのフェイスリフトに際してイノチェンティが作業を依頼したベルトーネである。クアトロルオーテはそのデザインについて、ウェッジシェイプ、コンパクト、12インチ・ホイール、傾斜したフロントウィンドーのおかげでスリークな印象を与えると評している。
　フロントはプレスラインの付いたフロントフードが特徴で、横いっぱいに広がるグリルと大きな四角いライトが目立つ。バンパーはこの時代のトレンドを感じさせるデザインだ。全体的にモダーンに仕上がっているが、悲しいかな、ミニが持っている独特の魅力が感じられない。
　エンジンは前モデルから流用している。4気筒998cc(49ps)と、シングル・キャブレター

ディテールが異なる
ミニ120（手前の緑）の90（奥の赤）との違いは、グリルと各部のクローム・メッキ、ウィンドートリム、ワイドタイア、ホイールとエンブレム。1975年の価格は、90の184万7000リラに対し、120は標準仕様でその40万リラ増。この価格にはヨウ素ヘッドライト、リアデフォッガーとリアワイパー、2スピード・ワイパー、タンデム・ホーン、シガーライターなどが含まれる。

テクニカルデータ
レイランド イノチェンティ ミニ90（1974）

【エンジン】＊形式：直列4気筒／横置き ＊ボア×ストローク：64.6×76.2mm ＊総排気量：998cc ＊最高出力：49.0ps／5600rpm（SAE） ＊最大トルク：69Nm／2600rpm（SAE） ＊圧縮比：9.0：1 ＊タイミングシステム：OHV／2バルブ ＊燃料供給：SU HS4

【駆動系統】＊駆動方式：FWD ＊変速機：4段 ＊クラッチ：乾式単板 ＊タイヤ：145/70SR12

【シャシー／ボディ】＊形式：モノコック／3ドア・セダン ＊乗車定員：5名 ＊サスペンション：（前）独立 ダブルウィッシュボーン／ラバーコーン、テレスコピック・ダンパー（後）独立 トレーリングアーム／ラバーコーン、テレスコピック・ダンパー ＊ブレーキ：（前）ディスク（後）ドラム ＊ステアリング：ラック・ピニオン

【寸法／重量】＊全長×全幅×全高：3120×1500×1360mm ＊ホイールベース：2040mm ＊トレッド：（前）1250mm（後）1250mm ＊車重：720kg

【性能】＊最高速度：140km/h

の1275cc（65ps）である。変更になったのはブレーキ・システムで、フロントにようやくディスクが採用されたが、リアはドラム式のままだった。ラジエターは通例どおりの左サイドから、エンジン前中央に移動された。容量38ℓの燃料タンクもフロアに移され、右側のリア・サスペンション側に配置された。これによってトランク容量が30％の向上を果たした。またリアシートはリクライニングが可能となった。これらの変更により、全長が70mm、全幅が100mm大きくなったほか、キャビンが広くなり乗員数は（旧型の4名から）5名となった。

新しいこのバージョンは90、120と命名され、1974年10月のトリノ・ショーでデビューを飾った。"mini"のエンブレム以外の外観上の違いは、バンパー（90は黒、120はクローム）と

エンジンルームはそのまま

新型ミニのメカニカル関係（このページの写真は90のもの）は、1959年の初期モデルとよく似ている。おもな違いは、タイヤ・サイズ、フロントに移動したファン付きラジエター、燃料タンクの位置、エンジンマウントを介して搭載されたエンジン。

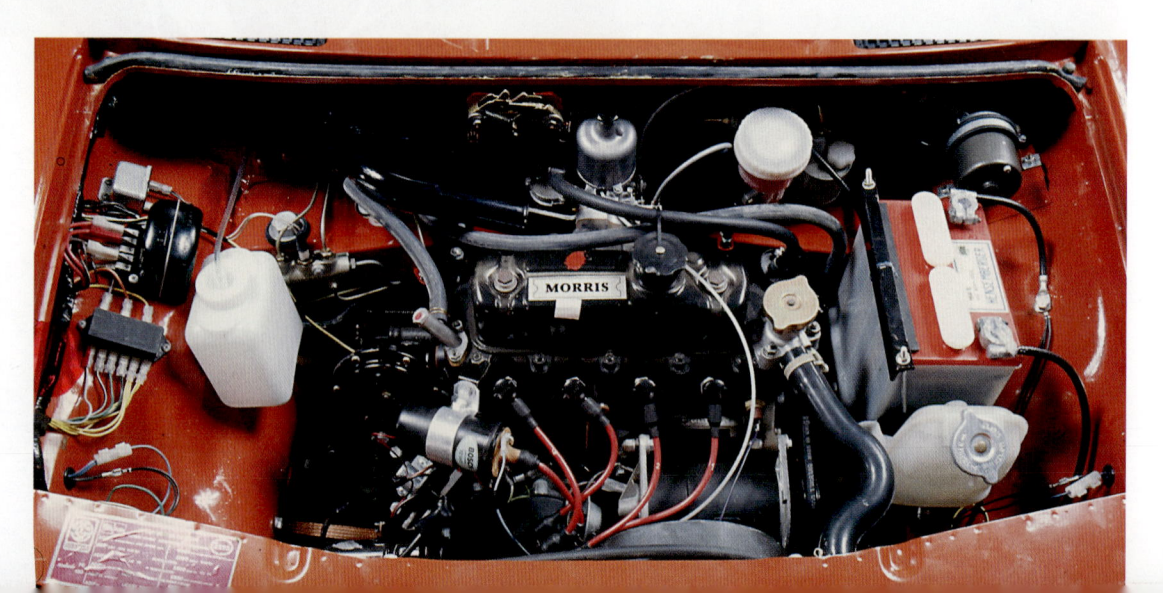

ホイールにある。室内の装備も異なり、モケット・カーペット、シガーライターが採用されたほか、シートはファブリックに変更され、メーターも豪華になっている。1975年当時の価格は、90が184万7000リラ、120は223万リラだった。

しかしこの時期、ヨーロッパ全体がオイルショックによる経済危機に陥っていたこともあって、ミニ90と120の販売は予想を下回った。労働組合は紛争を起こし、生産を妨害、業績はますます悪化した。

1976年、イノチェンティは倒産の危機に瀕する。一時、国有化によって倒産は逃れたものの、経営権はアルゼンティン出身の実業家、アレッサンドロ・デ・トマゾの手に渡る。好条件でのイノチェンティ買収に成功した彼は、その時点ですでに、マセラーティ、モトグッツィ、ベネリを所有していた。

こうして新生イノチェンティが誕生する。すぐに90と120の生産が再スタートし、1日あたり190台が生産されることになった。市場で人気だったのは90のほうだったが、装備にもう少しの豪華さが求められた。このリクエストに応えて仕様が見直されることになる。

90は3つに分けられた。ベースモデルはNで、Lはフロントグリルとフロントウィンドー下のエアインテークがブラックアウトされ、クロームのバンパー、ワイパーとリアデッフォガー、ヘッドレストが追加されている。SLには、

豪華な1300
120のインテリア（中央と下右）は90より仕上げが丹念。メーター類が豪華になって、シートもファブリックとなった。

テクニカルデータ
レイランド
イノチェンティ
ミニ120（1974）
＊下記以外はミニ90と共通
【エンジン】＊形式：直列4気筒／横置き ＊ボア×ストローク：70.6×81.3mm ＊総排気量：1275cc ＊最高出力：65.0ps/5600rpm（SAE） ＊最大トルク：96Nm/2600rpm（SAE） ＊圧縮比：9.8：1 ＊タイミングシステム：OHV／2バルブ ＊燃料供給：SU HS6
【駆動系統】＊タイヤ：155/70 SR12
【寸法／重量】＊車重：730kg
【性能】＊最高速度：155km/h

Passione Auto・Quattroruote 109

ニュージェネレーション

1981年、120の生産が終了する。代わって90には3グレードが用意される（右上）。廉価版のN（フロントの写真）、中間モデルのSLと、上級車種のミッレ（室内写真）。いずれもプラスティック・バンパーが装着されたほか、SLとミッレのリアには、"イノチェンティ"のロゴがライトの間に入った、反射材のガーニッシュが追加された。

さらにリアスポイラーとハザード・ランプ、シガーライターが追加された。

いっぽう、120はデ・トマゾ時代を迎えるや、当然のように車名に彼の名前が入った（114ページ参照）。このモデルには、装備の異なる2グレード、LとSLがラインナップされた。

1980年には90のトップモデル、ミッレが誕生する。ベンチレーション・スリットが入って軽量化されたホイール、プラスティック製バンパーが採用され、ヘッドライトのデザインが一新された。インテリアでは、ウィンドーがブルーの着色ガラスになり、パワーウィンドーとなったほか、リアへの乗降を考慮して、フロントシートは全体を前に跳ね上げるタイプに変わった。時計がデジタル式となったのも目新しい。

翌年、120が生産終了となった。いっぽうで、ライバルのフィアット・パンダとの競争に打ち勝つために、90が改良され、ミッレの豪華な装備が他のグレードにも採用されることになった。2世代目の90の生産は1983年まで続き、3気筒エンジン仕様に移行した。

レイランド-イノチェンティ・ミニ 90／120 インプレッション

　同じメカニカル・コンポーネンツを使用して、前モデル以上の仕上がりを備えたミニを生み出すことは、誰にとっても容易なことではない。レイランド-イノチェンティも例外ではなかった。変更がたとえ一部であったとしても、ミニのような、アレック・イシゴニスの研究と天才的なひらめきによって誕生したクルマのモディファイには、相応のリスクがつきまとう。

　「前モデルを葬り去って、サイズが生み出す欠点を排除した新しいデザインのクルマを造りだしたほうがいい」、90のテストが掲載された1975年4月号で、クアトロルオーテはこんなふうに記している。それでもデザインへの評価は好意的なもので、たとえばクラブマンよりずっと美しいと評されている。

　ルーフ上の小さなスポイラーは見せかけではなく、エアロダイナミクスを考慮して設置されている。室内はフロント周りが良くなった反面、リアが狭くなって3人乗車するには窮屈になった。ステアリングホイールは傾斜がついて立ち気味になり、ペダルはセンター寄りに設置された。小物入れは、クアトロルオーテのジャーナリストには使いやすくて便利と好評だった。トランクの容量も充分にあり、リアシートを倒せば650ℓのスペースを確保することができる。

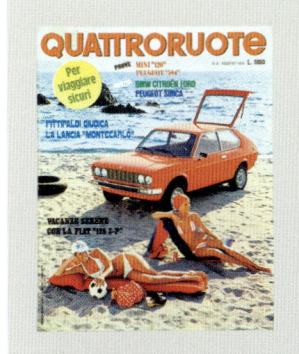

すべて海
1975年8月号の表紙はフィアット128スポルト・クーペ。ふたりのモデルとともに浜辺で撮影された。誌面を飾るのはミニ120のほか、AMCペーサー。ミニ90のロードテストは4月号に掲載された。

実用的
ドライバーズ・シート脇のレバーで、トランクの開閉が可能になったのは便利。トランクそのものも大きくなって、荷物の出し入れが楽になった。右下はミニ90、5人乗り。下はリアシートを倒したところ。

公道での90は活発かつ安全だ。「エンジンは活発で、フレキシビリティにかなり富み、上から下まですべてのレンジで、パワーを十二分に使いこなすことができる。遮音性も改善されて、室内に侵入するノイズが減った」

ロードホールディングがとても良く、特にドライのアスファルト舗装路面で抜群の性能を示した。また、スロットル・オフ時の挙動変化の唐突さ、荒さが、前モデルに比べて控えめになった。サイズの大きくなったタイアが快適性を高め、新しいエンジンマウントを採用したことで、室内に伝わるバイブレーションが軽減した。燃費も向上している。

90のテストから数ヵ月後、1975年8月号にてクアトロルオーテは120のテストを実施する。まず目についたのは室内だった。「90に比べてクォリティが格段に高くなっている。シート素材がファブリックになり、フロアのゴムマットがカーペットになった。クラスと価格の違いが表われている」

メーター類も豪華で、レヴカウンター、電圧計、油圧計が装備されている。ミニ120が搭載するエンジンは活発で、加速、制動力とも、同クラスを計測結果で引き離した。最高速度も文句なくすばらしい。

路上の挙動について触れると、コーナーやストレートが組み合わさったコースでのハンドリングが改善された。これはパワーアップによるものだろう。燃費も良く、90の燃費に比べても遜色なかった。

古いが、すばらしい性能

活発なエンジン、すばらしいロードホールディング。敏捷性に富み、ハンドリングも絶妙、燃費もいい。ミニ90と120はそのデザインにこそ、1959年生まれのミニを彷彿させるものが少ないものの、性能はダイナミックな仕上がりを見せている。この点ではまぎれもなくミニ。

PERFORMANCES

	90	120		90	120
最高速度		km/h	停止ー400m	19.5	18.5
	139.670	154.854	停止ー1km	37.5	35.2
燃費(4速コンスタント)			追越加速(4速/D使用時)		
速度(km/h)		km/ℓ	速度(km/h)		間(秒)
60	21.0	21.3	30ー40	3.3	2.8
80	17.7	17.3	30ー60	9.5	8.6
100	14.6	14.0	30ー80	16.3	14.4
120	11.4	11.1	30ー100	25.0	21.2
140	ー	7.9	30ー120	38.3	30.6
発進加速			制動力		
速度(km/h)		時間(秒)	初速(km/h)		制動距離(m)
0ー40	2.9	2.6	60	17.0	19.3
0ー60	5.6	5.1	80	29.9	31.5
0ー80	9.7	8.1	100	45.7	47.3
0ー100	15.2	13.0	120	65.0	66.5
0ー120	28.0	19.9	140	ー	89.0

イノチェンティ・ミニ・デ・トマゾ 1976〜1990

より丹念に

ミニ・デ・トマゾのキャビンは非常に丹念に仕上げられている。にもかかわらず、寝ているステアリングホイール、オフセットされたペダル配置といった、実用性の低いドライビングポジションに不満が残る。メーター類は他のアクセサリー同様、豪華。シートはリクライニング可能で、ヘッドレスト付き。デフォッガーとワイパー付きリアウィンドー、ハロゲン・フォグランプを装備。1977年4月デビュー、価格は365万リラ。

　アルゼンティン人の実業家、デ・トマゾが采配を揮うようになってすぐ、彼のカラーは目に見える形で現われた。
　クーパーの輝かしい歴史を継承するモデルが、1976年のトリノ・ショーでデビューした。名前にミニ・デ・トマゾと冠されたこのモデルは、翌年のジュネーヴ・ショーで再び披露され、4月半ばに販売がスタートした。
　120をベースに創り出されたイタリア版クーパーは、ボディサイド下部に太い帯が入り、フロントでスポイラーと合体して、そこにフォグランプが装着される（この時代、フォグランプを標準装備していたイタリア車はミニ・デ・トマゾのみ）。ホイールアーチもサイドモールと同色で一体感が演出されており、デ・トマゾ・ロンシャンのそれを想起させるグリル、エンジンフード上のエアインテーク、アルミホイール、ワイドタイア（ノーマル・バージョンではオプション）、リアワイパーが特徴だ。室内はシートが変わり、メーターは読みやすくなったが、仕上げのレベルは並みといったところである。
　120の1275ccエンジンは改良されたインテーク／エグゾースト・マニフォールドが装備され、最高出力は65ps／5600rpmから71ps／6100rpmへの向上をみると同時に、最高速度は160km/hに達した。
　1978年にはスペシャル・バージョンが登場

稲妻

走行性能は典型的なスポーツカーそのもの。クルマのパフォーマンスを充分味わうにはそれなりの腕が必要だ。加速時にはアンダーステアが強いため、コーナーではスロットルとステアリングをうまく操る必要がある。その操作さえ上手にこなせば、ミニ・デ・トマゾはすぐに立ち直る。

テクニカルデータ
イノチェンティ ミニ・デ・トマゾ（1977）

[エンジン] ＊形式：直列4気筒／横置き ＊ボア×ストローク：70.6×81.3mm ＊総排気量：1275cc ＊最高出力：71.0ps／6100rpm ＊最大トルク：95Nm／4500rpm ＊圧縮比：9.8：1 ＊タイミングシステム：OHV／2バルブ ＊燃料供給：SU HS6

[駆動系統] ＊駆動方式：FWD ＊変速機：4段 ＊クラッチ：乾式単板 ＊タイア：155/70SR12

[シャシー／ボディ] ＊形式：モノコック／3ドア・セダン ＊乗車定員：5名 ＊サスペンション：（前）独立 ダブルウィッシュボーン／ラバーコーン, テレスコピック・ダンパー（後）独立 トレーリングアーム／ラバーコーン, テレスコピック・ダンパー ＊ブレーキ：（前）ディスク（後）ドラム ＊ステアリング：ラック・ピニオン

[寸法／重量] ＊全長×全幅×全高：3130×1520×1360mm ＊ホイールベース：2040mm ＊トレッド：（前）1250mm（後）1250mm ＊車重：750kg

[性能] ＊最高速度：約160km/h

QUATTRORUOTE ROAD TEST

	NA	ターボ
最高速度		km/h
	158.2	164.460
燃費（4速コンスタント）		
速度(km/h)		km/ℓ
80	16.4	16.7*
100	13.0	14.1*
130	9.3	10.5*
発進加速		
速度(km/h)	時間(秒)	
0－100	12.4	9.8
停止－400m	18.3	17.1
停止－1km	34.5	32.2

	NA	ターボ
追越加速(4速使用時)		
速度(km/h)		間(秒)
30－60	8.3	―**
30－100	20.4	―**
制動力		
初速(km/h)		制動距離(m)
60	17.3	16.7
80	46.3	46.5
100	66.0	66.9
120	―	91.1

*＝5速時／**＝5速にて計測　70－80km/h加速は3.6秒、70－100km/h加速は10.5秒、70－120km/h加速は18.8秒

しているが、1977年7月号の『クアトロルオーテ』では、ノーマル・バージョンのドライビング・インプレッションを掲載している。そのなかでこのクルマのキャラクターを、機敏で敏捷性に富む、まぎれもなくミニ・クーパーの後継と評している。

　計測の結果、最高速度は158.2km/h、0－1km加速は34.5秒を刻んだ。ステアリングは正確で、レスポンスはクイックだ。ブレーキはその性能に値する出来である。エンジンは軽く吹け上がり、2000rpmから本領を発揮する。シフトフィールも文句ないが、ギアを入れるのに少々力を要するのが難といえるかもしれない。

　ドライビングはまさにスポーティだが、"慎重に"ドライブすることを要求する。加速時には"すさまじいほど"アンダーステアが生じるが、スロットルをうまく扱わないとあっという間にオーバーステアに変化する。

　1981年5月号で、クアトロルオーテは再びテストを行なっているが、すでに販売のピークを越え、下り坂になっていた。このときはアウトビアンキA112アバルト（デザインの勝利）とプジョー104ZS（よりスピーディで敏捷性も高いが、ドライビングのスポーティ度は低いクルマ）、フィアット127スポーツ（派手なエクステリアが批判されたが、キャビンの広さは誉めるに値する）との比較テストだったが、ミニ・デ・トマゾはドライ路面でのロー

ドホールディングとエンジンの活発さは光っていたものの、年齢には抗えなかった。

1981年はデ・トマゾがダイハツと提携を結んだ年でもある。さっそく1982年にはミニトレ(ミニ3気筒の意、詳しくはコラムで)がデビューし、翌年にはベルトーネのミニの流れを汲む最後のクルマ、デ・トマゾ・ターボが誕生している。進化に進化を重ね、名前を変えながら、生産は1994年まで続いた。

アグレッシヴ

1983年の終わり、ミニの名前を外した、デ・トマゾ・ターボがデビューする。ダイハツの3気筒エンジンを進化させたモデルだ。IHI(石川島播磨重工)の小さなターボチャージャーを搭載、出力72ps、最高速度165km/h。デザインはモダーンである。ダッシュボードがモディファイを受けて、革巻きステアリングホイールが装着された。デビュー当時の価格は1020万リラ。クアトロルオーテは1984年4月号でテストを行なった。計測結果は116ページに。比較に使われたのは、1977年7月にテストされたミニ・デ・トマゾの自然吸気エンジン搭載モデル。

ターボだけじゃない

ターボ装着は、ミニ・デ・トマゾにとっては一大改革となったが、このモデルはニュー・イノチェンティのミニ・シリーズの一台にすぎない。1982年のトリノ・ショーではダイハツの3気筒エンジンを搭載したミニトレ(写真)がデビューする。プラットフォームとサスペンションをベルトーネのミニから転用しており、このクラスではひときわ光を放っていた(クアトロルオーテは1984年4月号でテストしたが、最高速度は144km/h)。そして翌年、デビューしたのがターボ・モデルだ。1984年にはスーパー・エコノミーなディーゼルが登場する(19.3km/ℓで走行可能。この時代軽油の価格は634リラ/ℓ)。これは、オートマティックを搭載していた。しかし、たいして評判にはならなかったこともあって、ミニトレはまもなくマイナーチェンジを受けることになった。この時期、イノチェンティはフィアット傘下に入ったが、1991年、ミニトレはスモールとその名を変え、生産は最終的に1994年まで続けられた。
モトグッツィのモーターサイクル用エンジンを使った2気筒のミニもデビューが囁かれていたが、最終的にはダイハツのエンジンが使用されることになった。

Passione Auto • Quattroruote 117

オースティン・ミニ・メトロ 1980〜1990

1975年6月27日、国営企業になっていたブリティッシュ・レイランドLtd.（BL）では、ミニの生産台数が400万台を突破した段階で、次なるターゲットに向けて準備を開始していた。ミニに代わるモデルを模索していたのだ。

スタディは1974年にスタートした。ADO88というプロジェクト名のもとに指揮を執ったのは、当時同社のコンサルタントを務めていたイシゴニスとは異なる見解を持つことで知られる、チャールズ・グリフィンだった。

新型車のコンセプトは、ミニのそれを引き継いだものでなければならないが、同時に新しさを携えたものである必要があった。ボディサイズはコンパクトながら広いキャビンを持ち、快適性に富んだクルマが目標だったが、ただし低コストでという枷が課された。また、高い信頼性と経済性、安全性、そしてスタイルがポイントとされた。この難しい課題に、次第にADO88はミニから離れていく。実際、メトロはミディアムスモール・クラスのクルマであり、フォード・フィエスタ、ルノー5、フォルクスワーゲン・ポロ、フィアット127やパンダがライバルとなったのだ。

当初、イギリスでは"マイティ・ミニ"（パワフルなミニ）、イタリアでは"スーパー・ミニ"と呼ばれるはずだったこのクルマは、

豊かな装備
メトロ（上は1981年の1.3S）にはリアワイパー、リアフォグランプ、バックライト、分割可倒式シートベルト付きリアシートまで、さまざまな新しい装備がみられる。流線型のラインは個性があるとはいいがたいが、全体的にはまとまっている。それぞれのグレードを見分けるのは難しい。

再び、ミニ

ドアは1枚、リアのみに備わる。4座ながらリアシートは向かい合わせだ。全長2250mmで、パワートレーンはミニの850ユニットにオートマティック仕様——これがミニッシマである。1973年のロンドン・ショーに発表されたコンセプトカーで、若きデザイナー、ビル・タウンズのアイデアだった。アストン・マーティンDB6をデザインした彼の意欲作は、大衆の心は掴んだものの、生産化されることはなかった。アメリカのレンタカー会社が、即刻500台をオーダーするといったにもかかわらず、である。ブリティッシュ・レイランドはすぐにコピーライトを買い取り、このシティカーはお蔵入りとなった（ミュージアムに収められた）。

クルマは完全なスクエア・フォームで（ホイールベース、全高、全幅がすべて同じ長さ）、非常に短い（ミニより800mm短い）。通常の縦列駐車ではなく、テールを歩道に向けて横向きに駐車できるのが利点で、リアのドアを使い、子供が安心して歩道から乗降できる。

テスト

クアトロルオーテでは1981年10月号で、イタリアで販売された2台のメトロのテストを掲載した。低燃費、ロードホールディングの良さ、ダイレクトで正確なステアリングがこのクルマのメリット。いっぽう、気になったのはサスペンションで、硬いとの評価。クラッチは少々唐突で、シフトフィールとノイズも気になった。

QUATTRORUOTE ROAD TEST

	1.0L	1.3S
最高速度		km/h
	134.603	150.874
燃費（4速コンスタント）		
速度（km/h）		km/ℓ
60	23.0	22.7
80	18.2	18.1
100	15.2	14.9
120	12.4	12.0
130	11.0	10.8
発進加速		
速度（km/h）		時間（秒）
0–40	3.8	2.8
0–60	7.3	5.6
0–80	13.0	10.2
0–100	21.2	15.5
0–120	40.6	24.3
停止–400m	21.5	19.5
停止–1km	40.8	36.5
追越加速（4速使用時）		
速度（km/h）		時間（秒）
30–60	12.4	9.8
30–80	21.4	16.5
30–100	32.6	23.9
30–120	——	33.7
制動力		
初速（km/h）		制動距離（m）
60	20.3	19.9
80	36.5	35.5
100	54.1	54.5
120	75.6	75.1
130	——	86.1

テクニカルデータ
オースティン ミニ・メトロ1.0L（1981）

【エンジン】＊形式：直列4気筒／横置き ＊ボア×ストローク：64.6×76.2mm ＊総排気量：998cc ＊最高出力：45.0ps/5000rpm（DIN）＊最大トルク：78Nm/2800rpm（DIN）＊圧縮比：8.3：1 ＊タイミングシステム：OHV／2バルブ ＊燃料供給：SU HIF

【駆動系】＊駆動方式：FWD ＊変速機：4段 ＊クラッチ：乾式単板 ＊タイヤ：155/70SR12

【シャシー／ボディ】＊形式：モノコック／3ドア・セダン ＊乗車定員：5名 ＊サスペンション：（前）独立 ダブルウィッシュボーン、テレスコピック・ダンパー スタビライザー（後）独立 トレーリングアーム／ラバーコーン、ハイドラガス・システム（液圧式前後関連懸架）＊ブレーキ：（前）ディスク（後）ドラム ＊ステアリング：ラック・ピニオン

【寸法／重量】＊全長×全幅×全高：3410×1550×1360mm ＊ホイールベース：2250mm ＊トレッド：（前）1270mm（後）1270mm ＊車重：743kg

【性能】＊最高速度：137km/h

伝統の証

ボディはまったく新しくなったが、メトロのメカニカルな部分にはまぎれもなくミニの血が流れている。横置きエンジン、前輪駆動、エンジン一体型潤滑ギアボックス。サスペンションは全輪独立にハイドラガス。左は1.3の室内。レヴカウンターと時計は標準装備。

1978年のバーミンガム・ショーでデビューすると発表されていたが、実際に披露されたのは2年後のことだった。

プロジェクトにかかった費用は2億7000万ポンドで、生産工程のオートメーション化（当時はロボット化と呼んだ）のための費用がほとんどだった。市場の反応は上々で、最初の数ヵ月の販売状況はBLを潤した。それは、この年の英国新車登録台数の23％を占めたほどだった。

しかし、クアトロルオーテのテストでは好意的な評価を得ることができなかった。「メトロに驚きはない。デザイン的にもほかのクルマと変わるところがない」感じのいい、受け入れられやすいデザインだが、オリジナリティに乏しい。流線型のライン、切り落とされたテール、広いガラスエリア、なによりそのサイズがこのクルマの強みなのだが……。

ボディサイズはコンパクトだが、スクエアなデザインや、ハイドラガス・サスペンションの採用によって、室内スペースを最大限活用することができる。ミニに比べると（全長は350mm長くなっている）、キャビンが広くなったばかりでなく、ドライビングポジションが改良されている。ミニMk.Iのダッシュボードのスタイルを踏襲し、大きく広い棚が設けられ、ドライバーの前には四角くかたどられたメーターパネルが用意された。クォリティは平均より上といえるだろう。シートには丈

夫なファブリックが使われ、質感も高い。

エンジンは、伝説のモーリスAタイプをわずかにモディファイしたものだ。イギリスではエンジンに、998cc／45ps（DIN）、同排気量の48ps（DIN）、そして63ps／1275ccの3種類が用意された。その3種に装備の違いを加えて、5グレードがラインナップした。

1981年6月から、イタリアでは4グレードの販売が始まった。価格は548万リラから718万リラだった。ミニ信奉者はクラブマン以来、再びミニの名前を利用したモデルと否定的だったが、一般大衆には好評だった。1984年に5ドア・バージョンがデビューすると、メトロはイギリスでもっとも売れるクルマとなった。この時期、豪華バージョンや（スペシャルモデルのヴァンデン・プラ）、クーパーに代わってMGのバッヂが付けられたスポーティ・バージョンも登場した。

1982年、1.3ℓの74ps仕様（最高速度165km/h）がデビューする。翌年にはターボも追加されるが、これはギャレット製のターボチャージャーから90psのパワーを発生し、最高速度は180km/hを記録した。

マイナーチェンジに次ぐマイナーチェンジを重ね、メトロは1990年まで生き延びる。メカニズムも含めた大掛かりなモディファイによって、最終的にはローバー100シリーズと呼ばれるようになったのだった。

いっぽう、ミニは――。

スポーティー族

メトロでも、クーパーとミニの関係と同じように、"ワル"バージョンにMGのバッヂが付いた。1982年型74psの1.3モデル（上）はアルミホイール、サイドとリアのストライプ、リアウィンドーを囲むスポイラーが特徴。室内の変更点では、バケットシートになり、ステアリングホイールが革巻きになったことが挙げられる。1983年の90psのターボ（中央）はモデル名の入ったサイドラインとスポイラー、ワイドになった黒のポリウレタン製ホイールアーチが目印。一番下はLSで、1984年のノーマルのメトロをモディファイしたイタリア専用モデル。

ラリーでの不運

1986年のワールドチャンピオンシップでMGメトロ6R4が公式デビューする（6はシリンダー数、Rはリアエンジン、4は四輪駆動を示す）。オースティン・モーリス・モータースポーツのラリーカーとして最後を飾った名車である。ベースモデルと基本的には類似しているが、特徴は大きなフェンダーだ。ロードバージョン（クラブマン）は3ℓのエンジンが250psを生み出す。パワーアップバージョン（インターナショナル）は410psとなる。残念なことに、シーズン直後、FIFAがグループBの中止を決定する。コルシカでのヘンリー・トイボネンの事故が原因だった。これによりメトロは栄光を獲得するまで熟成されることなく、そのキャリアを終えたのだった。

オースティン・ミニ E／HLE／メイフェア 1982〜1993

再びイタリアへ

6年のブランクを経て（1972年にイノチェンティによるライセンス生産が終了、1976年にイギリスからの輸入が中止になった）、メカニカル部分とスタイリングに、わずかに改良を加えたミニが、再びイタリアに戻ってきた。最初に輸入されたのはE（下左）とHLE（下右）のみだったが、1983年からスペシャル・バージョンという名目でメイフェアが加わった。

メトロを発表するいっぽうで、BLはミニ・ファンを安心させることも忘れなかった——。

BLは、イシゴニスが発明した小型車は、ユーザーのリクエストがあるかぎり、生産続行という決定を下す。これが単なる口約束でないことは、1980年8月、850の生産が終了し、唯一、カタログにその名を残すことになった1000に代わって、同年10月にMk.IIIの1000HLが発表されたことによって証明された。手を加えられた点は、ノイズの改善や室内の仕上げ、ステアリングホイール（4本スポークに）やメーター類、ダッシュボードの形状変更だった。こうして、世界でもっとも愛された小型車は再び生き長らえることになった。1982年には社名がオースティン・ローバー・グループとなり、オフィシャルにはMk.IVとはいわない、ミニの4代目にあたるバージョンが、イタリアでは6年の空白を経て、再び販売開始となった。

いずれもエンジンはメトロの998ccを流用していながら、装備の違いによって、シティE、HLEとメイフェアの3バージョンに分けられており、850Mk.Iの正常進化版といえる。出力44pのエンジンは最高速度130km/hを生み出すが、軽量化されたことにより、加速が良くなっている。いっぽうで、1980年代初めにもかかわらず、「1961年のクーパーでさえフロントはディスクなのに、全輪ドラムとは時代錯誤も甚だしい」と酷評されたのはブレーキだ。スタイリングもまた時代に逆行している。ライバルを意識して、必要なモディファイが施されてはいるものの、ミニMk.IVのボディはメトロのそれではなく、イシゴニスのミニを再び使用している。

ところで、ベースモデルのシティEは（イタリアに輸入されたモデルは単にEと呼ばれた）、1959年の最初のシリーズが持っていたミニマリスト精神に近づいているといえる。たとえば、ダッシュボード上のメーターは中央にひとつのみといった具合である。シートが旧式なままの、リクライニングしない固定式であるいっぽうで、リアウィンドーには熱線が入

**ベーシックと
ゴージャス**

外観上、HLE（左）とE（下）の違いは、前者には熱線入りリアガラスが装着されているほか、プラスティックのホイールカバー、リアのライト類が異なる点だ。ボディカラーのバリエーションも異なっていた。

テクニカルデータ
オースティン ミニE（1982）
【エンジン】＊形式：直列4気筒／横置き ＊ボア×ストローク：64.6×76.2mm ＊総排気量：998cc ＊最高出力：44.0ps／5200rpm（DIN） ＊最大トルク：69Nm／2500rpm（DIN） ＊圧縮比：10.3：1 ＊タイミングシステム：OHV／2バルブ ＊燃料供給：SU HS4

【駆動系統】＊駆動方式：FWD ＊変速機：4段 ＊クラッチ：乾式単板 ＊タイヤ：145SR10

【シャシー／ボディ】＊形式：モノコック／2ドア・セダン ＊乗車定員：4名 ＊サスペンション：（前）独立 ダブルウィッシュボーン／ラバーコーン、テレスコピック・ダンパー（後）独立 トレーリングアーム／ラバーコーン、テレスコピック・ダンパー ＊ブレーキ：ドラム ＊ステアリング：ラック・ピニオン

【寸法／重量】＊全長×全幅×全高：3050×1410×1340mm ＊ホイールベース：2030mm ＊トレッド：（前）1230mm（後）1200mm ＊車重：640kg

【性能】＊最高速度：130km/h

誇り
左はメトロにも搭載された伝統のエンジン、Aプラス。鋳鉄製のエンジンブロック。プッシュロッド、バルブ・ロッカーアームを介したOHV。ギアボックスはクランクシャフト下に置かれた。下はミニE（左）と豪華バージョンHLE（右）の室内。

り、電動式のフロントウィンドー・ウォッシャーが装着されてはいた。ただし、"近代化"はこれだけであった。

より豪華になったのはHLEで、4本スポークのステアリングホイールやツインメーターのダッシュボードが奢られ、エア・ベンチレーターの吹き出し口が新しくなった。

シリーズのトップに位置するのはメイフェアである（イタリアではスペシャル・バージョンとして販売された）。サイドのロゴのほか、ベロアシート、パセンジャー側のサイドミラー、ラジオ、鍵付きフィラーキャップが備わるのが特徴である。

1984年、このシリーズのメカニカルな部分が改良され、フロントがディスクブレーキと

なった。ホイールは12インチになり、併せてホイールアーチも広げられた。

1985年、Eには新しいベンチレーション・システムが採用された。また、ステアリングホイールも4本スポークに、シングルメーターのダッシュボードもツインメーターに変更された。外観上では、ホイールカバーとリアエンブレムが変更となっている。新しくなったフロントウィンカーと、ミニの文字上にオースティンの文字の入ったエンブレム付きグリルが、メイフェアとの共通点だが、メイフェアにはより多くの改良がみられる。レヴカウンター、3本スポークのステアリングホイールのほか、シフトノブが変わり、仕上げが良くなった。

1986年2月、ロングブリッジから500万台目のミニが送り出されたが、会社自体は9億ポンドの赤字決算でこの年を終えたため、カナダ人のグラハム・デイが新たに指揮を執ることになる。ミニの歴史の幕を閉じる話もではじめた。そんなニュースが世間に流れはじめると、反対の声が挙がった。そこで、再びミニを蘇らせようと、スペシャル・バージョンと改良という、最後の切り札を出すことになる。

1988年、シティはEとなり、メイフェアは室内をモダーンにしてオーディオが装着された。出力は45psに向上、ブレーキにはサーボが装着された。翌年には最後の改良を受ける。

1992年から93年にかけて、ミニMk.IVはメトロの1275ccを搭載したMk.Vに道を譲った。

トップ
このページの写真はスペシャル・バージョンのメイフェア（最初はイタリアには輸入されなかった）。メイフェアという名前はロンドンの高級地区の名称から取ったもの。ボディデザインの特徴は、サイドのロゴ入りのストライプ。室内にはベロアが使用されている。ラジオも標準装備。

オースティン・ミニ E／HLE インプレッション

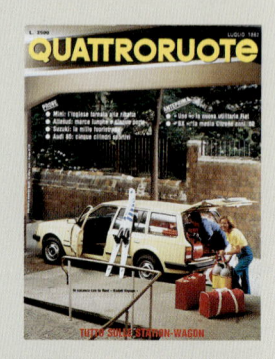

デビューからすでに23年経っていたにもかかわらず、ミニにはまだ我々ジャーナリストを驚かせるところがあった。たとえば、最大限に有効利用できるそのスペースである。そのいっぽうで、ドライビングポジションは相変わらず快適とはいいがたいものだ。ステアリングホイールはトラックのように寝ているし、ペダル類がいずれも互いに寄っているうえ、中央寄りにオフセットして配置されており、踏みにくいことこのうえない。廉価版のEでは、シートにリクライニング機構もない。まさにデビュー当時のミニそのままなのだ。

視界は良好だ（四つ星）。空調の操作性はいまひとつ（二つ星）といったところに、ミニの年齢が感じられる。ヒーターの効きはじめも遅く、HLEには新しいシステムが採用されているものの、空気の循環は充分とはいえない。それでも実用的でシンプルで、過剰な点は見当たらず、クラスと値段（1982年当時、Eは509万リラでライバル車よりはるかに安かった）にふさわしい仕上げだ。

オンロードでのミニが期待を裏切ることはない。スピードはコンパクトカーとしては充分にドライビングが楽しめる範囲にある。エンジンは三つ星で、低～中回転域でのレスポンスの良さは、このクルマのメリットのひとつといえるだろう。

燃費については、ドライビングスタイルをどんなに工夫したところで、15km/ℓ以上にもっていくのは難しい。また、ギアボックスはすばらしく（三つ星）、すばやく正確に入れることができるのだが、癖があって、停止状態で1速に入れにくいのが難点だ。クラッチは普通だが、つながりに少々唐突な感じがある。ブレーキは好ましいとはいいがたい。「いまどき四輪にドラムブレーキを装備したクルマを見つけるほうが難しいが、機能的に問題はない。ただし、フェードしやすい点を除いての話だ。ダイレクトで扱いやすいステアリングと、ロードホールディングの優秀性が、優れたハンドリングに大きく寄与している。20年前のように、群を抜くすばらしさを持ったクルマということはできないまでも、優れたクルマであることにはまちがいない」

バカンスのアドバイス
いつものロードテストと並んで（ミニのほかにはアウディ80CD、アルファスッド1300SC、スズキSJ410Qジムニー）、1982年7月号の『クアトロルオーテ』は夏のバカンスでのクルマについて、アドバイスを行なっている。この時代、交通混雑や渋滞がすでに社会問題になっていたのだ！
右の写真は街中でのミニのテスト風景。

PERFORMANCES

最高速度	km/h
	133.294
燃費(4速コンスタント)	
速度(km/h)	km/ℓ
60	27.4
80	21.7
100	17.1
120	12.4
130	10.5
発進加速	
速度(km/h)	時間(秒)
0—40	3.4
0—60	6.5
0—80	10.7
0—100	18.1
0—120	30.6
停止—400m	20.4
停止—1km	38.7
追越加速(4速使用時)	
速度(km/h)	時間(秒)
70—80	4.3
70—100	14.7
70—120	33.5
制動力	
初速(km/h)	制動距離(m)
60	20.3
80	36.0
100	56.1
120	76.0
130	89.5

100%ミニ

新しくなった"イングリッシュ"のテストは、たいした驚きもなく終了した。ミニは高いロードホールディングと優れた燃費という美点を備える最高のシティカーであることが再確認された。

オースティン・ミニ25 1984

アニバーサリー メイフェア

ミニ25はMk.IVの最高峰に位置するモデル、メイフェアをベースに仕立てられたが、このメイフェアは、1983年に24周年記念モデルとしてイタリアに輸入されていた。下は新しいミニのロゴ。

490万台のミニが25年の間に販売された（最初のミニがアセンブリー・ラインを出たのは1959年8月26日）。この25周年を記念して、1984年6月、オースティン・ローバー（会社についてはコラム参照）は、限定販売のスペシャル・バージョンを用意する。メイフェアをベースにしたミニ25のボディカラーは、シルバー・リーフ・メタリックの1色のみである。サイドボディにはグレーとレッドのダブル・ピンストライプが走る。このストライプのリ

大英帝国の興亡

ミニの25周年アニバーサリー・モデルはオースティン・ローバーから発売された。ローバー・グループは、誇り高きイギリス自動車産業が失った、多くの英雄物語の一章を飾るメーカーである。

1800年代終わりから1920年代までの間に、イギリスでは多くのブランドが誕生した。デイムラー、ウーズレー、トライアンフ、ライレー、スタンダード、ローバー、オースティン、モーリス、レイランド、スワロー（のちのジャガー）、そしてMG——。次いで、1927年から38年までの間に、MG、ライレー、ウーズレー、そしてモーリスがナッフィールド・グループ入りし、1952年にオースティンと合併した。これがBMC（ブリティッシュ・モーター・コーポレーション）となる。1966年にはジャガーを吸収、BMH（ブリティッシュ・モーター・ホールディング）に名前を変える。いっぽうで、トライアンフはスタンダードを買収する（1945年）。1961年、スタンダード・トライアンフはレイランド・モーター・コーポレーション入りを果たし、1967年にはローバーもレイランドに参入した。こうしてBMH対レイランドの図式ができあがったわけだが、1968年、このBMHとレイランドが合併、BLMC（ブリティッシュ・レイランド・モーター・コーポレーション）となった。

1972年にはイノチェンティがこのグループの傘下に収まる（1976年にアルゼンチン人の実業家、アレッサンドロ・デ・トマゾが買収）。しかし、BLMCという巨人の足下は脆く、数年後には倒産の憂き目に遭う。1975年、今度は大英帝国が大株主となった。あらたにBL（ブリティッシュ・レイランド・リ

ミテッド）を率いることになったのは、"タカ派"、ミッシェル・エドワーズだった。彼は1万2500人の労働者を解雇、13ヵ所の工場を閉鎖し、1978年にBLカーズを設立するものの、1980年代を乗り切ることは叶わなかった。技術革新の歩みに足並みを揃えられず、また日本車の猛威に阻まれたのだ。イギリス政府は工場の閉鎖を余儀なくされることになった。

1982年、BLカーズはオースティン・ローバー・グループと名前を変える。1984年にはトライアンフが消え、ジャガーはグループを抜けて独立した（1989年にフォードに買収される）。そのいっぽうで、ローバーはホンダとの技術提携を決定する。また、フォードとGM（ジェネラル・モーターズ）による買収の危機に晒されながらも、1986年には、オースティン・ローバー・グループ、ランドローバー、レイランド・トラックとレイランド・バスがグループという四社で構成された、オースティン・ローバー・グループPLC（パブリック・リミテッド・カンパニー）が設立された。1988年、ブリティッシュ・エアロスペースのコントロール下へ置かれるが、200／400シリーズ（ホンダ・コンチェルトがベース）、600（アコードの従兄弟、アスコット・イノーバがベース）の販売は順調とはいえず、1990年に資本の20%をホンダに売却する。1994年、BMWが8億ポンドでローバー、ランドローバーを買収するが、2000年にはミニ・ブランドの権利だけを残して、売却に踏みきった。ランドローバーはフォード・グループの傘下に入るが、ローバーは倒産に至る。2005年4月のことであった。

アフェンダー付近に"MINI25"のロゴが入り、エンジンフードにも同様に"MINI"の文字が入っている。バンパーはつや消しのグレーで、ドアノブ、サイドミラーもこのカラーで統一された。室内で目につくのはシートで、ストーン・カラーのベロア製に赤いパイピングが施されているが、ここにも"25"の文字が記されている。

フロントシートにはヘッドレストとボタン付きのポケットが装着され、豪華になった。レッドとグレーの組み合わせはカーペットも同じで、赤いシートベルトが装着された。3本スポークのステアリングホイールは革巻きで、ここにも"25"と入る。メーター類は1275GTからの流用だ。もちろん（イシゴニスが毛嫌いした）カセット付きオーディオも装備されており、左右のスピーカーはリアに備わる。145/70SR12のタイヤを履くホイールは12インチで、ここにもセンターに"25"と入っている。フロントブレーキはディスク式となった（シリーズモデルの標準装備に先駆けたものだ）。これによって、ミニの豪華バージョンが完成した。

エンジンは44psを発する998ccである。5000台生産されたうち、1500台が輸出された。本国での販売価格は3865ポンド、イタリアでは775万6000リラ、これはメイフェアより25万リラ高い価格だった。ところでイタリアでは、前年に24周年記念モデルとして、E／HLEのスペシャル・バージョンが販売されている。

すべてシルバー
カラーはシルバー・リーフ・メタリックの1色のみ。ミニ25の外観上の特徴は、グレーとレッドのダブルピンストライプ、たくさんの専用ロゴ、そして12インチ・ホイールだ。

オースティン・ミニ・サーティ 1989

紋章
30年記念のエンブレムは、後ろ足でライオンが立つ、格調高いオースティンの紋章と合体したもの。

イギリスで――そして世界中で――もっとも愛されたクルマが、誕生から30年を迎えた。1989年8月26日、30年間の生産台数は512万5000台に達した。

1980年代末の平均生産台数は、1週間で900台、年間に4万台だったという。この5年で最高の生産台数を誇ってはいたものの、1970年代初頭の平均台数とは比べものにならず（年間30万台ほど）、1980年代初頭の年間15万台にも及ばなかった。時代は変わったのだ。メーカーには、次の時代に備えるという難問が立ちはだかっていたが、それでもミニ・サーティ（もしくは30）の誕生を妨害する要素など存在しなかった。すばらしくめでたいことであり、なによりも多くの人が待ち望んでいることなのだから。

シルヴァーストーン・サーキットには12万人のファンが全世界から集結した。世界中からやってきたミニは、その数2万5000台を数えた（生産されたミニの3分の2が18ヵ国に輸出された。ナンバーワンの輸入国は日本だった）。サーキットの入口には15kmにわたって行列ができた。まさにギネス入りの記録である。

ミニ・サーティは998ccエンジンを搭載するミニ25同様、メイフェア・ベースの"自分のイメージ"を知っている小型車のアニバーサリー・バージョンである。ボディカラーは、ミニには欠かせないブラックと、サクランボのようなレッド・メタリックの2色が用意された。サイドボディ、ルーフとシートには"1959－1989"と記された。クロームのグリルとバンパー、8本スポークのアルミホイールが装着され、室内にはジャカード織のファブリックと黒の本革を用いたシート、赤い3本スポークの革製ステアリングホイールが奢られた。ドアの内張り、フロアマットも新調された。

ローバー・グループは、なによりエクスクルーシヴな雰囲気を大切にした。限定生産という台数ばかりでなく、30周年を盛りあげることにも気を遣った。イギリスでは5599ポンドで販売されたが、この価格にはメーカーのお墨付きに加えて、ロブ・ゴールディングが著したミニの伝記本も含まれていたのだ。レッド・メタリックは2000台限定で、うち200台が4段オートマティック仕様である。イタリアには250台のブラックと150台のレッド・メタリックが輸入された。コレクターには欠くことのできない、実に魅力的なモデルだった。

さようなら、アレック

1988年、サー・アレック・イシゴニスが逝去した。享年81歳だった。
レイランドでの最後の役職は、リサーチ部門のディレクターだった。プレスティッジの高いポジションには違いないが、彼の天才的な能力と自動車に関する知識を考慮するなら、決してふさわしいとはいいがたい。彼がもっとも大切にした思い出は、部下たちと協力し、まさに"寝食をともにして"仕上げたミニのプロジェクトだった。1971年にリタイアする際には、シャシーナンバー10のミニが贈られた（写真）。
サー・アレック・イシゴニスはこの贈り物をなによりも喜び、誇りにしたという。「インテリジェンスのある遊び心で、高い実用性、自らの手を油まみれにして仕事をするエンジニアには理想的なプレゼントだ」と述べて喜んだという。「鉄を売る人」、彼は自らをこう称した。イギリスを世界に輝かせるほどの鉄を売ったことは、数字が如実に示している。1990年、イギリスで4万6045台生産された"彼の"ミニのうち、3万1655台が輸出された。ミニは世界で成功を収めたイギリス車だった。

栄光

ミニ・サーティとクーパーSが並走するオフィシャル・フォト。クーパーSは1964年のモンテカルロ・ラリーを制したクルマそのものだが、むろん偶然に撮影されたものではない。30周年記念は、ミニが獲得した数々の勝利や栄光をアピールする絶好の機会であると判断したローバーは、ジョン・クーパーとのコラボレーションを復活させたのだ。イタリアでミニ・サーティは1500万リラで販売された。

ローバー・ミニ・クーパー 1990〜2000

1000台限定

ミニ・クーパーの復活は、1990年7月に限定版の発売という形で繰りあげられた。イギリス国内専用モデルである。エンジンフード上の、ジョン・クーパーの"サイン"入りホワイト・ラインが特徴。フォグランプとサンルーフ（ノーマル仕様ではオプション）が装着された。値段は1500万リラ。

　ミニ・クーパーの復活が宣言された。といっても、実際にはこのミニのスポーツ・バージョンが表舞台から完全に姿を消したことは一度もなかった。ブリティッシュ・レイランドとの協力体制に関する契約は、1971年以降、当時の社長のストークスの判断で更新されることはなかったが、1980年代半ばまでフェリングにあるクーパーのガレージから、直接購入することができたし、イタリアではクーパーをイノチェンティが製作、販売していた。ファンの熱望に応えるために、日本ではキットが販売されていた。いわば、灰の下で火はくすぶり続けていたといえよう。

　1989年、ローバーはミニ生誕30周年に、シリーズのトップモデルとして、フレームとレーシングという2台の特別限定モデルをデビューさせる。実体はクーパーの皮を被ったメイフェアだった。ツートーンカラー、ミニライトふうのアルミホイール、そしてジョン・クーパーの名前入りキットがオプションで用意された。

　ヨーロッパでも大人気を博し、もちろん多くのミニ・ファンを抱え、中古を含めた保有台数も上昇する一方の、1960年代レトロブーム真っ盛りの日本からも過熱気味のリクエストが届いた。この現実がローバーを説き伏せ、クーパーが復活する日がきたと判断させたのである。

　1990年7月10日、イギリス・マーケット専用のスペシャル・エディションがデビューする。生産台数は1000台だった。エンジンフードに入る2本の白いラインが特徴で、そこにジョン・クーパーのサインが入っている。加えて、サンルーフ付き、ツイン・フォグランプをフロントに装備する。カタログ・モデルとなる最終決定版の発表は9月だった。

　1990年代のミニ・クーパーは多くのモディファイが施されて新しくなっているが、1960年代の、もっとも愛されたクルマのオリジナル・キャラクターは温存されている。過去の輝かしい栄光を思わせるツートーンカラーが最たるものだ。ルーフがホワイトに塗装されたものは、ボディはレッドかグリーンの組み合わせとなり、ルーフがブラックのものは、ボディがホワイト、アイスグレー、あるいはダーク・カラーとの組み合わせとなった。

　伝説のミニライトふうに、ホイールも新調された。クロームが多用されているのも特徴のひとつである（バンパー、グリル、ドア・ハンドル）。当然ながら、イシゴニスの革新的

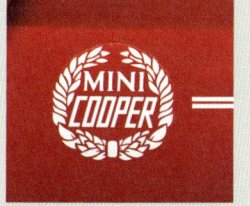

あの1964年のように

上は新しいエンブレム。1960年代のミニ・クーパーのラリーでの活躍を物語る。ラリーといえばモンテカルロ、クアトロルオーテはこの地にニュー・クーパーを運び、53ページに掲載された写真を再現した。このときのドライバーは、のちにチャンピオンとなったパディ・ホプカーク。いっぽう、ニュー・クーパーのステアリングを握るのは二輪／四輪ともにチャンピオンとなったアミルカレ・バレストリエリ。彼のインプレッションはこのあとの章で。

テクニカルデータ
ローバー・ミニ クーパー（1990）

【エンジン】＊形式：直列4気筒／横置き ＊ボア×ストローク：70.6×81.3mm ＊総排気量：1275cc ＊最高出力：61.0ps／5500rpm（DIN）＊最大トルク：91Nm／3000rpm（DIN）＊圧縮比：10.1：1 ＊タイミングシステム：OHV／2バルブ シングルバレル・キャブレター

【駆動系統】＊駆動方式：FWD ＊変速機：4段 ＊クラッチ：乾式単板 ＊タイア：145/70R12

【シャシー／ボディ】＊形式：モノコック／2ドア・セダン ＊乗車定員：4名 ＊サスペンション：(前) 独立 ダブルウィッシュボーン／ラバーコーン, テレスコピック・ダンパー (後) 独立 トレーリングアーム／ラバーコーン, テレスコピック・ダンパー ＊ブレーキ：(前) ディスク (後) ドラム サーボ ＊ステアリング：ラック・ピニオン

【寸法／重量】＊全長×全幅×全高：3060×1410×1350mm ＊ホイールベース：2030mm ＊トレッド：(前) 1210mm (後) 1170mm ＊車重：760kg

【性能】＊最高速度：152km/h

なプロジェクトに敬意を表して、ボディデザインやサイズはオリジナルと変わらないが、エンブレムは新しくなった。ホイールは12インチとなり、サイドミラーはルーフと同色にペイントされた。オープンループ式触媒コンバーターがマフラーに標準装備されたほか、ハロゲン・ランプも用意された。また、キャビンの静粛性が改善された。

特徴的な（ほぼ水平に寝ていてトラックのような）ステアリングホイールや、物入れのスペース、3連メーターはかつてのままだ。変わったのは、黒のレザーが使われていることとガラスがブルー着色された点である。

パワーユニットには、1980年代初頭のMGメトロ用だった1275ccエンジンを積むが（ノーマル・モデルは従来の998ccユニットを搭載）、ハイオクガソリンの使用を想定して、圧縮比は10.1：1に高められた。最高出力61psという数値は20年前のクーパーより低下している（1.3Sは76ps）。環境への配慮によってデチューンしたためである。いずれにしても、性能面については興味深いが、最高速度は152km/h、0－1km加速は37秒を記録している。

1991年にはニューキットが登場する。Sバージョン用である。出力は78psに高められ、165/60R12のダンロップSPスポーツを履く。

1991年10月、新しい排ガス規制に対応するため、クーパーはスロットルボディ・インジェクションとクローズドループ式触媒コンバ

ーターが装備され、1.3iの最高出力は63ps／5700rpm、最高速度152km/hとなった。エンジンフード上の白いラインが目印である。その後、クーパー・キットによって最高速度160km/hが達成可能となった。

デビューから30年を経てもなお、盗難に遭う数が減らないほど魅力的なミニ・クーパーで、1994年、モンテカルロの勝利から30年を記念したワンメイク・レースが開催された。1996年にはクーパー誕生35周年を記念して、イギリス国内限定モデルが200台生産される。

これらのニュースに湧くなか、ローバーの経営は悪化の一途を辿り、とうとうBMWに買収されることになる。1994年のことだった。BMWでは買収後、すぐにミニ後継車のプロジェクトをスタートする。ドイツでもイギリスでも、それぞれ作業に着手したのである。

あの頃のように
134ページの室内写真は、1990年のニュー・クーパーのものだが、雰囲気はあの頃のまま。少々、プリミティヴで照明の灯らないシンプルなスイッチ類は、今では見つけるのさえ難しく、扱いはやっかいだ。ステアリングホイールは寝ていてトラックのよう。現代のクーパーを駆って、いまや整備されたモンテカルロ・ラリーのルート上で撮影された134ページ下の写真。このページの写真は1997年モデル発表時のオフィシャル・フォト、"すべての少年の夢"を表わしている。このバージョンの特徴である白のラインとフォグランプは、再び標準装備に戻されたもの。

ローバー・ミニ・クーパー インプレッション

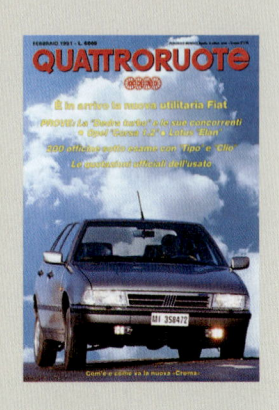

モンテカルロのコーナーに、およそ30年ぶりの復活したミニ・クーパー——。

1991年2月号でクアトロルオーテは、ローバー・ミニ・クーパーをラリーのエキスパートで、モンテカルロの道に精通するアミルカレ・バレストリエリに託した。高速道路でまず軽い散歩を済ますと、いよいよラリーステージへ向かう。ミニのスピードメーターの針が100km/hを振りきり、120km/hを超えるとエンジンが、フェラーリのそれより激しい雄叫びを上げる。チュリニ峠からボレンへ鼻先を向ける。バレストリエリは語る。「我々のように、このコーナーをスノータイアなしで走ると、このミニはかつてのミニそのものだということがわかるね」

実際のところ、ローバーが"小さな箱"に手を入れたのはわずかだった。10インチにかわって12インチになったホイールに不満を覚えるのは、オリジナル崇拝者くらいなものだろう。

キャビンにはかつてのミニと同じ雰囲気が漂う。現代においてはまったくロジカルでない、疲れるだけのドライビングポジションだ。まあ、少し走ると慣れるのだが……。

空調、安全に関する装備について、クアトロルオーテの技術担当スタッフが評論しようにも、そういうものはないから不可能だ。この点では現代のクルマというには抵抗があるが、それでもミニの、有名すぎるほど有名なそのサイズ、楽にできる縦列駐車、開けた視界、すばらしいハンドリング、これらの魅力はそのまま残っている。そして、もちろん優れたロードホールディングもまたしかりである。

実にエンスージアスティックな心を掻き立てるオブジェ——バレストリエリも魅了されたひとりだ。「二輪から四輪に移る決心をしたのは、チュリニ峠を走る多くのミニを見たときだった。1967年の夜、ラリーに参加中だったんだが、まるで魔法をかけられたみたいだったよ」

エンジンのパワー不足は否めないが、安全に楽しめることはまちがいない。「チュリニ峠では雪の壁の間を通った。路面は凍っていたよ。ドライバーというよりスケーターだったね」 そしてミニはエンジン付きのスケート靴だった。

フィアット"ミクロ"を待って

1991年2月、トリノからデビューする新しいスモールカーを待っていた（のちのフィアット・チンクエチェントとなるクルマだ）。クアトロルオーテがテストを行なったのはランチア・デドラ・ターボ、オペル・コルサ（日本名ヴィータ）1.2、ロータス・エラン、そしてミニ・クーパー。ミニの扱いは実にスペシャルで、テストは栄光の地、モンテカルロで行なわれた。値段は1210万リラ。

PERFORMANCES

最高速度	km/h	0—100	12.7
	144.99	0—130	25.9
燃費（4速コンスタント）		停止—400m	18.3
速度(km/h)	km/ℓ	追越加速（4速使用時）	
60	17.4	速度(km/h)	間(秒)
80	15.5	70—80	3.5
100	13.5	70—100	11.1
120	11.2	70—130	29.2
140	8.2	制動力	
発進加速		初速(km/h)	制動距離(m)
速度(km/h)	時間(秒)	100	44.1
0—60	4.8	120	63.6

Passione Auto • Quattroruote 137

ローバー・ミニ・カブリオレ 1991〜1996

1960年代の末、少しばかり夢のあるカタチになるよう、ボディに手を加えたミニ、カブリオレが登場した。手掛けたのはクレイフォードで、彼はこの時代の多車種にわたる重要なクルマの、ほとんどの頭をちょん切ったことで知られている。

ベースモデルの値段が500ポンドだった1963年、カブリオレへの変身価格は129ポンドだった。いずれにしてもメーカーのお墨付きではなかった。

時は流れて1991年6月、ローバーのドイツ・インポーターであるラム・アウトハウスが、クーパーを使って豪華な室内のカブリオレを製作する。ボディカラーはチェリー・フッドのみで、幌はブラウンだ。150台製作されたが、そのうち75台がイギリスに渡り、1万2250ポンドで販売された。

1992年10月のバーミンガム・モーターショーにおいて、とうとうファクトリー製のミニ・カブリオレが登場する。スペシャル・プロダクツ部門がドイツのカルマンと協力して設計にあたり、クーパー1.3iをベースにして、ロングブリッジで製作したものだ。

ウォールナットをふんだんに使い、ステアリングホイールにはレザーを奢り、スポイラー付きバンパー、サイドスカート、幅広のホイールアーチを備える、豪華でアグレッシヴな出で立ちだ。もちろん、幌も丹念に製作されており、ボディ剛性向上のため車重は70kg増となった。ボディカラーは、ブルー（ボディ）＆グレー（幌）、赤＆赤の2組から選ぶことができ、本国での値段は1万1995ポンドとぐっと高くなった。1993年から輸入が始まったイタリアでは、およそ2300万リラで販売された。

トータルの生産台数は414台で、1996年10月まで生産された。そのまま生産を続けられていれば、排ガス規制への適応をはじめ、ノイズ、安全性に大幅な見直しは避けられないところだった。

堂々と
オープンにすると、ミニ・カブリオレのリアスペースは幌に占領される。ボディはすべて単一色にペイントされ（バンパーからミラーまで）、グリルとドアハンドルのみがクロームメッキとなる。スペシャルデザインの軽合金アロイホイールと組み合わされたタイアは175/50R12。室内も丹念に仕上げられている。ダッシュボードとドアの内張りの上部分をカバーするのはウォールナット。シフトレバーのノブはウッド。もちろんカセットステレオも標準装備。

カリブのブルーか、炎のレッドか

ミニ・カブリオレの生産は1996年まで続けられた。ボディカラーは2色。ナイトファイア・レッド（138ページ）とカリビアン・ブルー。いずれも室内はシャーベット・グレーだ。

ローバー・ミニ・ブリティッシュ・オープン・クラシック 1992

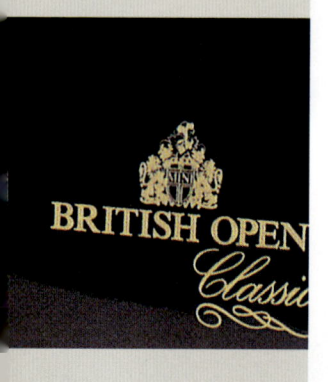

ミニを輝かせる多くのスペシャル・モデルのなかでも、ブリティッシュ・オープン・クラシックはフルオープン（ルーフの全体が開く）の電動式スライディングルーフを装備した、初のミニだ。発表は1992年6月で、世界に名だたるゴルフ・トーナメントにあわせてデビューした。

生産台数は1000台だったが、すぐに話題となり、現在でもミニの中古市場でもっとも高い人気を誇るモデルである。ベースにはメイフェアを使用し、ボディカラーはグリーン・メタリックのみの1種類、これはイギリスのレーシングカラーであるBRG（ブリティッシュ・レーシング・グリーン）だ。このボディにゴールドのラインが入り、リアフェンダーとトランクリッドにブリティッシュ・オープン・クラシックと記されている。その他の特徴は、クロームのバンパー、グリル、ウィンドー・トリム、ドアハンドル、スポーティなミニライト・ホイールが採用されていることと、サイドミラーがボディと同色に塗られていることである。

室内では、シートの中央（サイドはレザー）とドアの内張り、サイドパネルに使われた、カントリーマンのベージュ・ファブリックの生地が目につく。ステアリングホイールもベージュの革巻きで揃えられた。2スピーカーのステレオ・システムも装備されている。

インジェクション仕様のエンジンは1275ccで、最高出力は50ps／5000rpm、最高速度は140km/hを発揮する。本国イギリスでの販売価格は7195ポンド、イタリアでは1370万リラだった。

トーン

ゴルフの世界からインスピレーションを得たモデル、ブリティッシュ・オープン・クラシックのボディカラーはグリーン・メタリック1色のみ。リアサイドとトランクリッドにベージュのステッカー（上）が見える。室内はベージュのシンフォニー。カントリーマンのエレガントなファブリックがシートを覆う（サイドはレザー）。ドアの内張り、リアのパネルにもこの生地が使われている。ベージュのレザーはステアリングホイールにも。フロアカーペットとメーター類は黒。

一瞬でオープン

スイッチを押すとキャンバス地の幌が開く。ブリティッシュ・オープン・クラシックはオープンエアのもと、旅を楽しめるクルマだ。

ローバー・ミニ35 1994

シルヴァーストーンで開催された大きなミーティングで、BMWの庇護下に置かれたローバーが綴ったシナリオに沿って、スペシャル・バージョンが登場した。ミニの35周年記念モデルである。

1週間にわたって続いた、英ノーザンプトンのサーキットでのお祭りが、豪華絢爛、一般向けだったのに対して、ニューモデルはあくまで限られた人々を意識したクルマだった。もちろん、ルーフはフルオープン（ブリティッシュ・オープン・クラシックと同じ）、バンパーとグリルはクロームメッキ仕上げである。

ボディにはシルバーのサイドラインが通り、"35"の小さなロゴがリアフェンダーとトランクを飾る。だが、これだけだった。

ボディカラーはレッド・メタリック（ネヴァダ・レッド・メタリック）、ブルー・メタリック（アリゾナ・ブルー）、ホワイト（ダイアモンド・ホワイト）の3種類が用意された。室内はミニ・カブリオレ同様、ウォールナットがふんだんに使用され、明るめのカラーのレザーシート、開閉式のリア・クォーター・ウィンドーが特徴的だ。ステレオ・システムは標準装備された。

1275ccのエンジンはクーパーからの流用で、燃料噴射システムはインジェクションとなり、触媒が装着された。最高出力は53ps／5000rpm、最高速度143km/hであった。

1000台でが生産されたミニ35（いくつかの国では"35クラシック"と呼ばれた）の価格は、イギリスで6695ポンドだった。イタリアに入ったのはそのうちの400台で、ボディカラーは、黒いサイドミラーを伴ったチャコールグレー・メタリックのみだった。値段は1625万6000リラで、瞬く間に"インスタント・クラシック"となった。

誕生日
1000台生産されたミニ35のうち、400台がイタリアに到着（左写真）。ボディにはグレー、シルバーのラインと"35"の文字が小さく入る。ウォールナットのダッシュボードはカブリオレ同様、このバージョンがスペシャルであることの証。

オープンエア

ミニ35は、1992年に造られた限定モデル、ブリティッシュ・オープン・クラシックの、キャビンから開けることのできるキャンバス・トップを受け継いだ。このスペシャル・バージョンでもっとも歓迎された装備である。

ローバー・ミニ40LE 1999

長寿の記録

3000台生産されたうち、300台がイタリアに到着(下写真)。ミニ40アニバーサリーLEのエンジンは、ブリティッシュ・オープン・クラシックに搭載されていた1.3iからの流用。特徴は、ミニライト・タイプの12インチ・ホイール(本国仕様では13インチ)と、ボディと同色に塗装されたホイールアーチ(本国仕様はワイド仕様)。クロームのGB(グレート・ブリテン)トランクリッド・バッヂが装着されている。室内にはレザーをふんだんに使用。ダッシュボードはアルミ製で、電圧計、水温計、油温計が並ぶ。CDチェンジャー付きステレオは標準装備。

人生は40歳からだという。ミニにも同じことがいえるのかもしれない。そろそろ新しいページをめくり、新しいストーリーを創造する時がきている――。1999年は過去との決別を宣告する年のようだった。

1992年6月に登場したメトロの1275ccエンジンを搭載した、出力50ps、触媒付きのMk.Ⅴは、もはや過去のものだった。1993年3月には小変更を受け、ウォールナットのダッシュボードが装備され、シートが快適なものに変えられたが、これも過去の出来事だ。1994年1月31日、ブリティッシュ・アエロスペースはローバーを、アレック・イシゴニスの遠縁にあたる人物が率いるBMWに8億ポンドで売却した。

ミニの生誕40年という長寿の記録を祝うために、8月21日と22日の2日間にわたって、シルヴァーストーン・サーキットでいつものミーティングが行なわれた。このミーティングで、3000台の限定生産モデル(イタリアには300台入ってきたが、本国仕様とは多少異なる)、ミニ40LEがデビューする。1960年代の栄光にモダーンなテイストをうまく組み合わせたモデルだった。排気量1275ccのエンジンは出力63psを発揮し、最高速度148km/hを記録した。

敬意を表して

ミニ40LEは、ツイン・フォグランプといったディテールに過去の栄光が感じられる。エンジンフード上には過去のアニバーサリー・スペシャル・モデル同様、"ミニ40"のバッヂが装着された。イギリスでの販売開始は1999年4月5日。本国では、ボディカラーは合計3色が用意されたが、イタリアにはこのうち、マルベリー・レッドのみが輸入された（ほかの2色はアイランド・ブルーとオールド・イングリッシュ・ホワイト）。値段は2205万リラ（約1万1387ユーロ）だった。

ミニ・ファイナル・エディション 2000〜2001

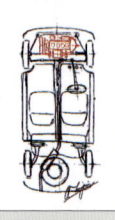

数年前から、目は未来に向いていた。

すでに1994年にはニュー・ミニの話がではじめていたが、この時点ではまだ、この愛すべきオールド・カーの舞台に幕を下ろす準備は整っていなかったのだろう。実際、40周年の行事がすべて終わり、クラシックという名を付けたバージョンが出揃ったところで、この偉大なるクルマはその生涯に別れを告げることになるのだった。

ミニ・クラシックは（130人の自動車ジャーナリストからなる審査委員会が"今世紀のヨーロッパ車"として選出）、クーパー、クーパー・スポーツ・パック、そしてセブン（Se7en）の3台からなる。この3台に、ロンドンのエレガントな地区からその名を取ったナイツブリッジを加えた4台が、オリジナル・ミニを封印することになるファイナル・エディションとなった。

それはまさに白鳥の歌だった。最期に甘美な声を上げる白鳥のように、この4台のモデルは発表された。1997年からすべてがBMWに移っていたのだが、2000年、BMWはローバーを手放す。それでもイシゴニスが創りだしたミニの扱いは、ローバーに対するそれとは異なっていた。

ニューモデルを待つ間、ミニは往年のファンを満足させるために最後に奉公をする。たとえばSe7enである。このノスタルジックな名前を与えられたクルマの室内は、クリーム色のソフトな生地が独特なやさしい雰囲気をつくりだし、同時にタータン模様の赤のレザーがポイントになっている。まさに1959年のSe7enそのものの雰囲気で、またサイドのクロームメッキ・パネルとシートも手がこんでいる。ダッシュボードはモダーンで、なんと色には赤が用いられた。カーペットも同色だ。

さよならパレード
最後のお別れとなるファイナル・エディション（ミニのホームページにアクセスしてみてほしい。いまだにたくさんのファンが熱い想いを寄せている）。右の写真は左から、スポーティなクーパー、ノスタルジックなSe7en（イタリアには輸入されず）、アグレッシヴなクーパー・スポーツ・パック、そしてゴージャスなナイツブリッジ（イギリス本国では販売されなかった）。いずれもエンジンは63ps、1.3ℓのインジェクション仕様。ニュー・ミニ登場まで販売は続けられた。

お別れフェスティバル

ローバーはすでにシンボル価格の"10ポンド"でフェニックス・グループに売却されていたが、2000年10月4日、ミニの生産が終了する。538万7862台目のミニが、バーミンガムにあるロングブリッジの工場をあとにした。この最後のミニは、1台目のミニと並んでヘリティッジ・モーター・センターに所蔵されることになった。41年にわたってアセンブリー・ラインで働いたジェフ・パウエルが、最後のミニのステアリングを握った。彼がいう。「ここ、ロングブリッジでは誰もが悲しんでいる。もちろん、仕方がないこともよくわかっている。クルマは古い。その古いクルマに、現代の安全基準に見合う装備を加えるなんてことは意味がない。BMWのニュー・ミニが成功することを祈っているよ。このミニと同じように成功することは簡単なことではないと思うけどね」

mini classic

ノスタルジック？
それともエレガント？

上はクラシック・シリーズ、Se7enのカタログの表紙。右上はクリーム色のボディと、クリーム色を基調に赤のアクセントを効かせた室内。この室内のアイデアも1959年のオースティンがベース。2000年3月に発売され、値段は9495ポンド（イタリアには輸入されなかった）。オプションでCDプレイヤー、電動式のサンルーフ、メタリック塗装が用意された。右の写真はナイツブリッジ。ボディカラーはゴールド、アルミホイールは13インチ。

目につくのはコンビネーション・カラー（赤と黒）の革巻きステアリングホイールである。シフトレバー・ブーツも同色で調えられた。

ボディカラーはベージュの単色か、もしくは赤と黒のツートーンが用意された。外観上、もっとも目立つのは、12インチのプレミアム・ホイールと、クロームのエグゾースト、そしてリアに付けられた"GB"のバッチである。

モンテカルロで活躍した時代に思いを馳せるファンのために用意されたのは、このラリー優勝車の直系、ミニ・クーパーである。フロントフードにはホワイトのラインが走り、2連のツイン・フォグランプが並ぶ。アルミホイールは12インチが採用さた。世紀末のミニ・クーパーはドライバー（ラリー・パイロット!?）とパセンジャーに、レザーとファブリックでできた快適なシートを提供する。黒

のレザーはステアリングホイール、シフトレバー、サイドブレーキにも使われている。いっぽう、ダッシュボードはボディ同色でまとめられ、赤、黒、緑、青から選択することができる。

スポーティ派にはクーパー・スポーツが用意された。こちらは6連ライトに13インチのアルミホイール、ダンパーにはKONI製が奢られる。室内は、黒とシルバーが織り成すトーンで調えられている。実際、たくさんのメーター類が並ぶダッシュボード、シフトノブ、ドアハンドルにアルミが使用されている。そのいっぽう、黒とシルバーのレザーはステアリングホイールとシートに用いられた。エンジンは3タイプとも、出力63psの1.3ℓが搭載された。

翻って、ナイツブリッジは豪華さを売りにしたバージョンで、室内にはレザーを多用したほか、磨きあげられたウッドを使ったダッシュボードには5つのメーター類が並ぶ。ステアリングホイールもレザー仕様で、ボディカラーはゴールド・メタリックでペイントされた。また、ホイールアーチがワイドタイプとなり、そこに13インチ・ホイールが収まっている。

ミニの初期モデルをスペシャル・バージョンとして復活させたこの最終シリーズの値段は、イタリアでは2319万2000リラ(約1万1978ユーロ)だった。そして、ニューMINIのミニ・ワンとミニ・クーパーが発表される2001年9月まで、販売されたのだった。

スポーティに
クーパーの室内は黒(左下)、クーパー・スポーツの室内はツートーンカラー(下)。クーパーの値段が9895ポンドだったのに対し、クーパー・スポーツは1万895ポンド。イタリアではそれぞれ、2189万4000リラと2379万2000リラ。上と146ページの写真はどちらもクラシックの販売時に用意された、絵はがきのもの。左の写真はロングブリッジで生産された最後のミニ。

スペシャルなミニたち 1976〜2000

一区域につき一色

ロンドンの街角もまた限定モデルのヒントになった。ミニ・チェルシー（右）のデビューは1986年。ボディカラーは明るいレッドで、シートはグレー＆レッド。生産された1500台はあっという間に完売。2年後にはパーク・レーン（右下）が登場。黒のボディに室内はベージュと黒のベロア、オーディオは標準装備。ほかには、下のジェット・ブラック（1988年）、下右のレーシング（左の緑）、フレーム（右の赤／1989年）。

デビューから十年以上もヒットし続けたミニですら、1970年代の初めにはその輝きに陰りが見えていた。しかし、スターを"普通の小型車"に落とすわけにはいかなかった。ファンを満足させ、そして、この全長3m少々のクルマが持つすべての魅力を引きだすために、スペシャル・バージョンの製作がスタートした。

限定モデルというものは、新型車が出るまでの間、現行生産車が時代から取り残されないために採られる戦略だが、話がミニとなると、通常のケースとは少々異なる。スペシャル・シリーズはカルトの対象物、すなわちコレクション・アイテムとなるのだ。一種の流行ともいえるだろう。

ミニの限定モデルの数は41種に及ぶ。といっても、これはオフィシャル・モデルだけを数えたものだ（イタリアのみならず、ヨーロッパ中でさまざまなボディ・バリエーションが製作された）。最初の派生モデルがマーケットに登場したのは、1976年のことだった。

最初のモデルは、1000をベースに製作されたストライピーLEである。ボディカラーはブルックランズ・グリーンとホワイトの2色が用意された。ほかの特別モデル同様、このクルマのアイデンティティを示すのは、ボディサイドのロゴと、（この時代には欠かせなかった）MG Bスタイルのシートである。限定で3000台が生産され、瞬く間に売り切れた。それでも、この手の限定モデルの存在が一般ユーザーに定着するには5年ほどかかった。

1981年から、ミニのボディカラーが増える（レッド・ホット、ジェット・ブラック、ブリティッシュ・レーシング・グリーン、フレーム・レッド、チェックメイト）。また、スポーツ界

MINI　　　　　　FLAME RED

CHECK MATE　　　　RACING GREEN

MINI

退屈させない

1990年、色彩が特徴の3台の限定モデルが登場する。チェックメイト（大きな写真）は黒と白を使った遊びが楽しい。フレーム・レッド（下右）とブリティッシュ・レーシング・グリーン（下左）は前年モデルのフレームとレーシングの焼き直し。フレーム・レッド、ブリティッシュ・レーシング・グリーンの順で登場した。3台とも、41psの998ccエンジンを搭載。フロントにはサーボ付きディスクブレーキを装備。

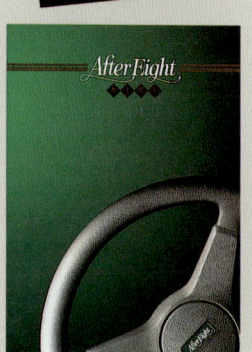

からインスピレーションを得たり（ブリティッシュ・オープン・クラシック）、映画にヒントを得たもの（『ミニミニ大作戦』）、外国のトレンディな地名を使ったモデル（リオ／タヒチ）も誕生した。さらに、イギリスの街やブランドイメージの高いホテル名を冠したモデル、チェルシー、リッツ（1985年）、ピカデリー（1986年）、パーク・レーン（1987年）も登場した。

限定モデルを歓迎する多くの市場に後押しされ、それはますます増えていった。1988年には、エクステリア、インテリアとも黒一色に統一された、ジェット・ブラックが登場する。もう1台のレッド・ホットは外装が赤、シートが黒という組み合わせだった。製作された6000台のうち、4000台が輸出された。

もちろん、スポーツ・シーンでの活躍を活かさない手はない。多くのスペシャル・バージョンが、レースでの活躍をベースにしている。1989年のミニ・レーシングのボディカラーはグレー・メタリックだが、このモデルとは双子の、フレーム・レッドのボディは鮮やかな赤にペイントされている。1990年のブリティッシュ・レーシング・グリーンのボディはもちろん緑で、この3台ともルーフは白だ。

デザインセンターで、若いスタッフのアイデアがもっとも活かされるのは、カラーとグラフィック、装備品を決定するチームである。彼らのアイデアで、1990年、スタジオ2が生まれる。ベースはシティで、ボディカラーはブ

さまざまなテイスト
（上から順に）

1段目：1990年のスタジオ2、すなわちコヴェントリーのスタイリング・センターの若いデザイナーが担当した。

2段目：1992年のイタリアン・ジョブ。1973年にイタリアで封切りされた同名の映画（邦題：『ミニミニ大作戦』）からインスピレーションを受けた。

3段目：1995年に生まれた、バルモーラル、カリビアン、ナイトファイア。

4段目：ポール・スミスはブルーのボディと室内のブラック・レザーが特徴。

上はフランスのミニ・トワイニングスとスペインのアフター・エイトのカタログ。

ラック、アイス・グレー、グレー・グリーンの3色が揃えられた。サイドにはロゴが入る。室内はグラデーションのかかったカラーで彩られ、シート生地はドースキンとなっている。

　もう一台、楽しいモデルがある。それは1992年にデビューした、ミニ・イタリアン・ジョブという。メイフェアがベースで、ボディカラーはレッド、ブルー、ホワイトの3色だ。1973年にイタリアで封切られた映画、『イタリアン・ジョブ（邦題：ミニミニ大作戦）』の主人公がミニだったことから命名された。スクリーン上ではイギリス強盗団の逃走の足としてトリノの街を縦横に走り回ったのだが、1000台生産されたうち、750台がイタリアで

イタリアン・スタイル
イタリア市場限定モデルの初登場は、ミニのインポーター、ケリカーが1981年に手掛けたクラブ・テン（下）による。翌年はトラサルディが外に鞄を装着したモデルを発表。ダッシュボードはウォールナット。1991年には『アウトキャピタル（編注：イタリアの自動車雑誌名）』がデビューし、テーマはレトロだったが、1台のみの製作だった。

モンテカルロよ、永遠に

ラリーでの優勝を利用しない手はない。1967年のモンテカルロでの勝利から30年後、クーパー・モンテカルロがデビュー。4連フォグランプ、ミニライトのアルミホイール、ワイド・フェンダーアーチ、エンジンフードの白いラインが特徴。室内にはクーパーの黒いカーペット、アルミのシフトレバー。ないものはないという、まさにフル装備だった。1997年には公道バージョンながら加速が売りの、ホット・ロッドが登場。エンジンフードのレザーバンドからペダルまで、さらにスパルコ製のフルバケットシートからカーボン製のダッシュボードに至るまで、装備はまさしくレーシーだ。

販売された。特徴はミニライトの白いホイール、エンジンフードの白ライン、フォグランプ、黒いバンパー、白いグリルである。

いっぽうでマーケティング部門は、モードやスタイル系の分野にも目を向けることを忘れなかった。たとえばマリー・クアントと手を組んだモデルだ。ミニスカートの発明者の彼女のアイデアで、1988年にミニ・デザイナーがデビューする。ゼブラ模様のシートに、赤いシートベルトが特徴的だった。そのちょうど十年後、マリー・クアント同様に著名なイギリスのデザイナー、ポール・スミスの名前を冠したミニがデビューする。入手困難な

モデルの一台で、いわゆるレアモノであるこのクルマは、わずか300台のみが右ハンドル仕様限定で発売され、数週間で完売した。

ほかにも、イタリア人デザイナー、ニコラ・トラサルディがリアに鞄を装着したモデルを発表したほか、イタリアのミニ・インポーター、ケリカーも限定モデルを手掛けた。

クーパー・ベースの限定モデルが登場したのは1999年8月のことだ。ジョン・クーパーLE（300台限定）は、グリーンのボディに白いラインを引き、13インチのホイールに、ワイドなフェンダーアーチが特徴の、もっともスポーティな限定モデルだった。

さようなら、ジョン・クーパー

ケリカーもクーパーにテーマを求める。上の写真は1991年にデビューしたモデルで、とてもエレガント。1999年には300台のイギリス・マーケット専用限定モデル、ミニ・ジョン・クーパーLEが登場。翌年、ジョン・クーパーが逝去したため、息子のマイクが後継者となった。

Passione Auto・Quattroruote 155

バックヤードビルダーの手によるミニ

リムジン
多くのミニの豪華版が登場したなかで、(往年の名優、故ピーター・セラーズのために籐を使ったミニの製作で知られる) ホッパー、ウッド・アンド・ピケット、オイラー、ラドフォードの製作したラクシュリー・ミニは有名。下は1971年に製作されたもの。右はごちゃごちゃとたくさんの計器類が並ぶ典型的なロンドン式ダッシュボード。

一台のクルマの成功は、多くのバックヤードビルダーの創造性を喚起する。まったく同じパーツを組み合わせて製作することもあれば、単にそのクルマをベースにしてまったく異なる形に造りあげることもある。ミニの場合、特にデビュー初期にはチャレンジするものが多かった。

最初に手掛けたのは、もちろんイギリスのバックヤードビルダーである。

ミニ・ブロードスピードGT
まるで小さなアストン・マーティンだ。1966年にレーシングドライバーのラルフ・ブロードが800ポンド少々で手掛けたもので、標準仕様(850ベース)、GT(クーパー・ベース)とGTデラックス(クーパーSベース)を製作した。さらにトップモデルとして、100psのスーパー・デラックスを据えた。フロントに変更は見られないものの、ブロードスピードの場合、ルーフがリアまで下がり、ファストバックふうに仕上がっている。

ミニ・マーコス
33ページを参照。

ミニ・オーグル
66台製作されたこのモデルのボディは、すべてFRP製である。1962年、デイヴィド・オーグルが手掛けたものだ。オーグルはヘリコプター業界から来た人物で、このモデルのベースは997ccのミニ・クーパーである。SX1000と命名され、アメリカで販売されたが、評判にはならなかった。ところがライトウェイトGT、ミニ850GTと名前を変えて販売されたイギリスでは成功を収める。デイヴィド・オーグルが亡くなると、船舶業を営むフレッチャーに引き継がれたが、彼のクルマは4台売れただけだった。

ミニ・ラドフォード
1960年代初め、ハロルド・ラドフォードがロールス・ロイス用のミニバーをインテリアに装備した、とてもシックなミニを製作する。

彼が最初に手掛けたミニは1963年のリムジン、ヴィル・グラン・ルクスで、白のレザーシートと2連メーターを備えたモデルだった。グレーのボディにシルバーのルーフというカラー・コンビネーションだ。パワーウィンドーとサンルーフ、ステレオを装備し、カーペットはウールである。ショファー（運転手）が必要だが、1100ポンドの値段には含まれていない。多くの装備が車体を重くしているため、性能はまったく期待できなかった。そこでラドフォードは、次に手掛けたダウンタウンには、パワーアップしたエンジンを搭載した。さらに彼はワゴンにも手を伸ばす。3枚目のドアを装着し、テールライトを変えればできあがりだ。このワゴンも室内にはレザーが使われ、ダッシュボードは新たにデザインされたほか、アルミホイールとパワーウィンドーが採用された。

ミニ・スプリント

ミニを使った多くのチャレンジのなかで、歴史にその名を残すのはウォーカーGTSだけだろう。車高が下げられた、このミニの製作がスタートしたのは1967年、手掛けたのは"世界最大のモーリス販売会社である、ロンドンのスチュワート＆アーデンだ。

すべてハンド・メイドで製作したもので、クーパー1000をベースしたスプリントと、クーパー1300SをベースにしたスプリントGTの

クーペ、または
ロープロファイル

アメリカ向けに製作されたSX1000。デイヴィド・オーグル社が企画したミニのクーペ・バージョン。アメリカでは評判にならなかったが、逆にイギリスでヒットする（左上）。デイヴィド・オーグルが亡くなったことで、生産は66台でストップ。フレッチャーGTもオーグルの設計。BMCとの協力関係が得られず、1967年に生産中止。4台生産されたうちの1台はブランズ・ハッチが所有する。同年、スチュワート・アンド・アーデンはミニ・スプリント（左下）を製作するが、これはロープロファイル・クーパーといえる。その後、スプリントGTが登場、こちらはクーパーSがベースだった。さらに高い空力性能を備え、性能も向上した。

メイド・イン・イタリーの豪華版

豪華なミニは商売になる――。ずいぶん早い時期にこれが定説となった。1960年代初頭、ノーマルのミニが500ポンドだった時代に、300ポンドも上乗せすればシックなミニを手に入れることができた。金に糸目をつけない人々は、ロールス・ロイス並の装備を持ったミニに8000ポンドでもつぎこんだ。価格はどんどん上がり、1970年代の終わりにはアラブの要人が、ウッド・アンド・ピケットに製作を依頼したミニ・マルグレーヴに、2万ポンドを支払ったのだった。こういうマーケットをクーパー・カー・カンパニーは指を咥えて眺めていただろうか？ もちろん「NO」だった。また、1965年11月3日から14日まで開催された第47回トリノ・ショーで、ベルトーネはミニ・クーパーVIPを発表する。アルファ・ロメオにヒントを得たグリルを備え、バンパーはライレー・エルフから流用し、新しいライト類（フィアット500から転用）を装着している。室内も大幅に変更され、ダッシュボードはアルミ製であった。計器類は新たに4つ追加され、シートにはソフトなレザーが使われた。パワーウィンドーも装備する。ウッド製ステアリングホイールは3本のメタルスポークを備える。注目を集めたが、生産に至ることはなかった。

ベルトーネ以外にも
ミニをテーマにとりあげたのはベルトーネばかりではなかった。1961年にすでにザガートがモーリス・ミニ・マイナー850をクーペに仕立て上げている（下）。ベルトーネは1965年のトリノ・ショーでミニ・クーパーVIPを披露した。いずれも1台のみの製作。

2バージョンが用意された。双方のモデルともメカニカル関係はすべて降ろされ、配線もインテリアトリムも外された。その後、ボディをふたつにばっさりと切り、ウェストラインの上下を数センチ縮めて再び組み立てたことにより空力が向上し、ミニ・スプリントの性能は格段に高まった。車高を下げたことでフロントシートも必然的に変更された。

ミニ・ユニパワー

アンドリュー・ヘッジが設計したクーペ、ユニパワーには、クーパーの998ccエンジンが搭載されている。このエンジンは横置きにミドシップされ、チューブラーフレーム・シャシーのホイールベースは2.13mである。独立懸架のサスペンションは、フロントがダブルウィッシュボーン、リアはトレーリング・アームとなっている。容量30ℓの燃料タンクはフロントに配置された。車重は605kg(ノーマルのミニよりおよそ200kg軽量)で速度速度は170km/h、1275ccのエンジンを搭載したモデルは193km/hにまで達した。

ミニ・モーク・ビーチ・バギー

この車名からわかるとおり、ビーチ・バギーはモーク・ベースのビーチカーだ。1960年代にロンドンのワイアクレスト社が設計したもので、手のこんだ装備を持つ。白いグリルが装着されたボディにはフェイク・ウッドも使われたほか、シート地は夏らしい花模様の生地が使われた。オーストラリア向けのモデルだった。

ビーチ用
バックヤードビルダー、ワイアクレストはバカンス用にターゲットを絞りこんで、ミニ・モークをビーチ・バギーに変身させた。白のボディにウッドを組み合わせ、花模様のファブリックシートと幌をあしらった。オーストラリアで歓迎されたモデル。

ミニ・フリークス

好きな長さに
下の写真は2台の"ワンメイク"ミニ。いずれもイギリス人ミニ・フリークによる手作りだ。左はグラハム.L.カペルのピックアップ。六輪の小さなトラックである。右はアンディ・サンダースによる"ミニ-ミニ"。都会の駐車問題に目を向けた2シーター・モデル。

　ミニのように、ファッション現象を生み出したクルマは少ない。多くのデザイナーやカロッツェリアがミニに創作意欲をかきたてられたものだった。メーカー"お墨付き"のモディファイが行なわれる傍らで、実に多くのファンが自分だけのミニを造りあげた。さまざまなタイプのクライアントが、いっぷう変わったミニを造っては話題を呼び、その名が知られるようになっていった。

　なかでも有名なのは、サリー州ニューディゲイトのカペル氏が1981年に製作したミニで、『クアトロルオーテ』でも取りあげられている。氏は2台の古いミニを解体工場から購入すると、余暇を使って小さなトラックに改造した。

　1985年の『クアトロルオーテ』に紹介されたのはアンディ・サンダース氏である。ミニの"都会性"に注目した彼は、1964年型ミニを64ポンドで購入、劇的な"減量"に力を注ぎ、オリジナルよりさらにコンパクトなクルマに改造した。

　さらに上をいくのがロバート・グレイ氏製作のミニだろう。ミシシッピー蒸気船のような、水の上と泥の両方を走るトランスポーターである。スチールと強化ファイバーでできた巨大な水車を動かすのはミニのエンジンパワーで、パワーの伝達は前輪に結ばれたベルトを介して行なわれる。

　"ミニ・フリーク"はまだまだ存在するが、すべてを紹介するのは不可能だ。しかし1968年6月号からクアトロルオーテが始めたコラム

に対して触れないわけにはいかない。これは、イタリアでも高まるミニへの関心を受けてスタートした特別な企画で、コラムのタイトルは「ミニ・ポスタ」、つまり「ミニ郵便」である。内容は、読者から送られたミニにまつわる質問、賞賛、苦情を紹介するというもので、そのフォーマットは現代のインターネット上で交わされている"チャット"の元祖のようなものといえるだろう。

　話題は実にさまざまだ。自動車技術に関する疑問から、エンジン、ギアボックスについて、ハイドロラスティック・サスペンション、オートマティック、SUキャブレターの話、いかに性能をアップさせるか（キャブレター、プラグやカムシャフトの扱いについて）、ロードホールディングの話題（サスペンションのモディファイ、ワイド・タイアに交換）、ミニが抱える数少ない問題のひとつ、快適性について（ノイズなど）、そして自分の経験談などなど、枚挙にいとまがない。そのひとつを紹介しよう。フィレンツェ－ローマ間（253km）を平均132km/hで巡航したが（所要時間は1時間55分）、消費したガソリンはわずか11ℓだった、――こんな具合である。

　コラムは1971年終わりまで続いた。なお、ミニの生産台数が200万台に迫ろうとしていたこの時期、イタリアでは4万台のミニが走っていた。

ミニーフェリー
この奇妙な水陸両用車、のようなものを動かすのはミニだ。車輪上に駆動用のベルトが装着されている。発明者であるイギリス人、ロバート・グレイによれば、岩のような障害物さえなければどんな場所でも走行可能ということだ。

Passione Auto **Quattroruote** 161

さようならミニ ようこそミニ

象徴的

説明はいらないだろう。写真がすべてを物語っている。ローバーの工場で最後に製作されたミニ・クーパーは、まるで道路にのみこまれるかのようだ。手を振るのは"グッド・バイ"の印。40年という輝くキャリアを持つ、自動車界のシンボルのひとつとなったミニが、ついにその幕を下ろした。愛する人々の心に残ることだろう。驚くべきことに、2001年9月、BMWがニューMINI（すべて大文字で記される）を発表したとき、イタリアではまだ7万台の"旧い"ミニが走っていた。

自信に満ちて
2001年9月に登場した新しいMINIは、"クラシック"と定義されるようになった前モデルと比較される運命にあった。しかし、優りこそすれ、劣るところはひとつもなかった。それどころかホットに歓迎され、ニュー・ミニはあっという間にトレンディ・カーとなった。

ACV30／スピリチュアル／スピリチュアル・トゥー 1997

1997年1月19日午前11時、モンテカルロ・ラリーのスタート地点に1964年、1965年、1967年の優勝車である3台のミニが並んだ。だが、もう1台、そこに見なれぬクルマの姿があった——。

ACV30、それはミニのスピリットを携えたプロトタイプである。その特徴はモダーンといっていいだろう。最後の優勝から30年を祝うこの日、イシゴニスが造りだし、クーパーで進化したミニ、このクルマが放つ伝説のオーラを受け継ぐべきモデルが披露されたのだった。

未来のミニは、世界中に知られたスポーティのシンボルという貴重な軌跡をたどらなければならない。とはいうものの、ACV30はこういう運命にある新型車を先行するモデルではなかった。モダーンとレトロが混在したデザインに対する、大衆の反応を探ることが目的だった。同じデザインで、すでに1996年のパリ・サロンで発表されており、そのときの仕様はクライスラーとの協力のもと、南アメリカで製造されたエンジンが搭載されていた前輪駆動車だった。モンテカルロでお目見えした、MG FをベースにしたACV30のエンジンはミドシップ（1800cc／DOHC／マルチバルブ）で、ボディはアルミパネルで構成されており、アセンブリーは手作業で行なわれ、BMCオフィシャル・ラリー・チームのカラーである赤と白にペイントされていた。

すべてリア
コンセプトカーのスピリチュアル（下左）とスピリチュアル・トゥー（下右）。ローバーのオリヴィエ・ルグリースがデザインした、ニュー・ミニのデザインのベースとなるものだった。実際のところ、1995年にはBMWが不採用を決定。いずれにしても1997年のジュネーヴ・ショーに出品された。フロントに設けられた大きなクラッシャブルゾーンが衝突安全性を高めている。エンジンはミド配置、駆動もリア。上のスケッチはイシゴニスに敬意を表して、彼のタッチで描かれたもの。

混乱していた時期まで話を戻そう。BMWによるローバー買収から3年後、両社はニュー・プロジェクトにとりかかっていた。ACV30はBMWのリードでローバーが具体化し、1997年3月4日、ジュネーヴ・ショーでスピリチュアルとして発表される。しかし、1995年の段階でオリヴィエ・ル・グリースがデザインしたこのコンセプトカーは、BMWによって生産の可能性なしと決定されていた。

それは、かなりコンパクトながらも（全長わずか3.1m）3ドアの4人乗りで、エンジンはリアシート下に縦に配置された3気筒を搭載し、後輪を駆動するモデルだ。フロントには大きなクラッシャブルゾーンを設けて安全性能を高めている。燃料タンクはフロントシートの下に配置され、ラジエター、スペアタイア、バッテリーはフロントフードの下に収められた。サスペンションはメトロ／ローバー100同様、ハイドラガスを採用する。車重は約700kgだった。

スピリチュアルのパネルは、スピリチュアル・トゥー（TOO）にも流用されている。こちらは全長がわずかに長くなっており、5ドアの小型モノスペースに仕上がっている。室内の広さがポイントだ。ベースモデルと比較すると車重は200kg増えているが、パワーアップした4気筒のエンジンを搭載し、性能の悪化も見られない。

オリジナル・カラー
1967年のモンテカルロ・ラリーの勝利者、ラウノ・アルトーネン／ヘンリー・リドン組のナンバー177、クーパーSを記念して製作されたプロトタイプACV30。室内はニュー・ミニにヒントを与えている。

ニュー・ミニ誕生まで 1994～2000

2社でスタート
ニュー・ミニのプロジェクトは1994年に始まった。ローバー・チームとBMWチームがそれぞれ独立した形で作業を開始。買収した側という理由から、最終的に主導権を握ったのはBMWだった。下はイギリス人デザイナー、トニー・ハンターのデザイン。ACV30を手掛けたイヴァン・ランプキンの室内をウィン・トーマスが引き継いだ。下右は完成版に近いモックアップ・モデルの室内。

1970年代の終わりから、すでに次期ミニの登場が待たれていた。何度かデビューが謳われたが、実際は1997年のフランクフルト・ショーを皮切りに、次のパリ・サロン、2000年のバーミンガム・ショーで披露され、主要マーケットでの販売がスタートしたのは2001年9月のことだった。

企画そのものは、BMWがローバーを買収した1994年直後にスタートしている。1995年10月には、ローバーによる3台の実寸モデルができあがり、BMW製作モデルとの比較検討が行なわれた。数ヵ月にわたる作業の結果、リサーチ開発センターを率いるウォルフガング・ライツレと、BMW社長でアレック・イシゴニスの甥の子にあたる、ベルント・ピシェッツリーダーのふたりが選んだのは、フランク・ステファンソンのデザインだった。ステファンソンは1959年10月3日にカサブランカで生まれたアメリカ人である。ノルウェー人の父親、スペイン人の母親を持つ彼は、2002年にBMWを退社し、マセラーティを経由してフィアットへ移籍した。

スケッチの段階でも、最初のプロトタイプ製作時も、ドイツとイギリスの双方でチーム作業が進められた。ライツレとピシェッツリーダーが"辞職"し、ローバーとBMWが離婚することになる1999年6月まで、作業は続けられたのだった。

その数ヵ月後、手綱はゲルト・フォルケル・ヒルデブラントに託される。1953年生まれの彼は、三菱とフォルクスワーゲンのデザイン部で指揮を執った人物で、チーフ・デザイナーに、自ら自動車エンスージアストといって憚らないクリス・バングルを抜擢した。

「ステファンソンはすばらしい仕事をした。新型車のスタイリングは人間の体をなぞっている。男性の強固な肉体と、女性のしなやかなラインを持ち、さらに丸みを帯びたエレメントは幼児の姿を象徴する」最初の2台は男性クライアントを惹きつけ、3台目の幼児の姿は女性クライアントにアピールする。明らかに、前モデルを引き継いだ部分があったが（丸い

アーティスト

紙、ペン、カラー。ニュー・ミニは芸術作品と同じ手法で生みだされた。まさに人間のなせる技だ。コンピューターを使っても人間がなしとげたことに変わりはない。フランク・ステファンソンが述べたとおり、存在したものと存在するであろうものをうまく繋いだクルマ、それがミニだ。オリジナルの持つ感性と未来の技術を巧みに結びつけた。

ライト、グリル、ドアハンドル、テールライト)、ヒルデブラントは、ニュー・モデルは旧型のクローンではないと主張し、旧型と結びつけられることに否定的だった。「ネオ・ヨーロッパの伝統の誕生だ。過去に固執したものでもレトロでもない。新しいコレクション・アイテムに加わる高い可能性を秘めている」実際、彼のいうとおりになった。R50と呼ばれたこのプロジェクトは賞賛を浴びたのだった。

残っていたのは室内の仕上げだった。マーカス・シリングが担当するいっぽうで、スペイン人のマリソル・マンソーと彼のアシスタントがカラーリングを受け持った。スタッフのほとんどが、イシゴニスのミニがデビューした1959年以降に生まれている。ヒルデブラントはいう。「とてもいい仕事をした。前モデルの大衆性をうまく使い、現代のクルマの順応主義を排除した、新しさを持ったクルマを生み出した」

計器やスイッチ類は旧型からヒントを得ているが、ニュー・ミニのインテリアにはオリジナリティがある。モダーンでロジカルな様子があらゆるところに見られるのだ。1960年代のミニの不便な点を、みごとなまでに排除している。

チームは休みを返上して、ミニ・ワンとクーパーを仕上げた。次はオープン・モデルについて検討する時期だ。ほかのバージョンについても然りだが、この話は別の機会にしよう。

二次元から三次元へ
上はフランク・ステファンソン(写真はクレイ・モデルをチェックしているステファンソン)のドローイング。一番上は1995年7月、下の2枚は1997年7月のもの。右はマリソル・マンソー、カラーの責任者。チーフ・デザイナーのゲルト・ヒルデブラントとともに。

チームワークと
ニュー・ミニ

ニュー・ミニを担当したスタッフがクルマを囲む。右からチーフ・デザイナーのゲルト・ヒルデブラント、エクステリアをデザインしたフランク・ステファンソン。左端のふたりは室内を担当したマーカス・シリングとマリソル・マルソー。2002年、ステファンソンはBMWを退社、マセラーティに移った。

ミニ・クーパー 2000〜

オール・ニュー
新しさはバッチにまで。シルバーのウィングが黒地に白で描かれた"MINI"の文字につながる。下はデビューに合わせて用意された広告。BMWはニュー・ミニをトレンディに仕立てるため、あらゆるマーケティング手法を試みた。

ドイツに養子に出されたものの、心はイギリスに残されていた。"MINI（前モデルと区別するためにすべて大文字で記された）"が生まれ故郷を離れることはできないのだ。

ACV30の発表から3年後、待ち焦がれた新型クーパーが"自国の民"の前に姿を現わした。ブリティッシュ・インターナショナル・モーターショー（バーミンガム／2000年10月18日〜29日）でのことである。

ショー開催中に、すでに1500台のオーダーが入り、スタンドとホームページをあわせて3万件の問い合わせがあったという。こうして慌ただしい一年が始まったのだった。

デビューに際して、ビジネス戦略の先頭に立ったのはウォルフガング・ウォラートで、ミュンヘンに本拠地を置くBMWのマーケティング部門のスタッフが彼をアシストした。販売のみならず、彼らはニュー・ミニを"トレンド・セッター"にすべく奔走したのだった。

待たされた時間こそ長かったが、いったんデビューが決まると、行動はすばやかった。オフィシャル・ウェブサイトを立ちあげ、ファンクラブが設立された。レースにスポンサーを付け、文化的な催しから時代を先取りしたものまで、さまざまなかたちのイベントが企画された。イメージを（再）構築して、クライアントを（再）召集する——。それは、すべてゼロからのスタートだった。

ウィリアム・モーリスが1900年代初めにガレージを開いた場所の近く、オックスフォードの工場では、年間10万台のニュー・ミニを生産する用意が整った。初期段階のクルマはヨーロッパ向けモデルだったが、数ヵ月後には世界50ヵ国に向けて送り出すモデルの生産がスタートした。

ミニ・ワンとスポーティなクーパー（116ps／0－100km/h＝9.2秒／メーカー公表の最高速度200km/h）がディーラーに並んだのは、2001年9月8日のことだった。BMWの販売網が使わ

RIVOLUZIONE CO.OPERNICANA

クーパー フィーリング

ニュー・ミニのスポーツ・バージョンは、外観上、すぐにそれとわかる。ルーフとサイドミラーはボディカラーによって白または黒に塗装されている。60％以上のクライアントが、"MINI"ならではのこのオプションを好んだ。4スリットバーのグリル、ハニカム状のエアインテークもこの初期仕様の特徴。リフレクティブ・ヘッドライトは非常に有効。エンジンフードに組みこまれている。このセグメントのクルマでは実に有効な手法といえよう。

テクニカルデータ
ミニ・クーパー
（2001）

【エンジン】＊形式：直列4気筒／横置き ＊ボア×ストローク：77.0×85.8mm ＊総排気量：1598cc ＊最高出力：116.0ps／6000rpm ＊最大トルク：149Nm／4500rpm（DIN）＊圧縮比：10.6：1 ＊タイミングシステム：SOHC／4バルブ ＊燃料供給：電子制御インジェクション

【駆動系統】＊駆動方式：FWD ＊変速機：5段 ＊クラッチ：乾式単板 ＊タイア：175/65HR15

【シャシー／ボディ】＊形式：モノコック／3ドア・セダン ＊乗車定員：4名 ＊サスペンション：（前）独立 マクファーソン・ストラット／テレスコピック・ダンパー スタビライザー （後）独立 マルチリンク／テレスコピック・ダンパー スタビライザー ＊ブレーキ：（前）ベンチレーテッド・ディスク（後）ディスク サーボ／ABS ＊ステアリング：ラック・ピニオン（電動油圧式パワーアシスト）

【寸法／重量】＊全長×全幅×全高：3630×1690×1410mm ＊ホイールベース：2470mm ＊トレッド：（前）1460mm （後）1470mm ＊車重：1075kg

【性能】＊最高速度：200km/h

堅実

BMWはリスクを冒さない。メカニカルはコンベンショナルなタイプを採用。前輪駆動、独立懸架サスペンション（リアはマルチリンク）、エンジンは横置き（通称"ペンタゴン"。SOHC／1598cc／116ps、環境基準"ユーロ4"適合、クライスラーとの協力の下ブラジルで生産）。

下：計器類の配置はミニの伝統に沿ったもの。ダッシュボードは"シルバー"（標準）、アンスラサイト、もしくはウッド。同じく標準装備でエアバッグがフロント両席と両サイドに装備されている。

れたが、"MINI"は独立したブランドとして扱われた。ショールームでは充分なスペースが与えられ、専門の販売員がクライアントの対応にあたった。それはニュー・ミニに対する敬意を表わすものだった。

イシゴニスが設計した旧型に比べると、メカニズムは決して奇抜なものではなかったにもかかわらず、そのソフトなスタイリング、モダンなデザインで、瞬く間に人気を呼んだ。エンジンフードに組み込まれた丸いヘッドライト、短いテール、スムーズなサイドビュー、独特のテールライト、2色に塗り分けられたボディカラー、そのすべてが愛されたの

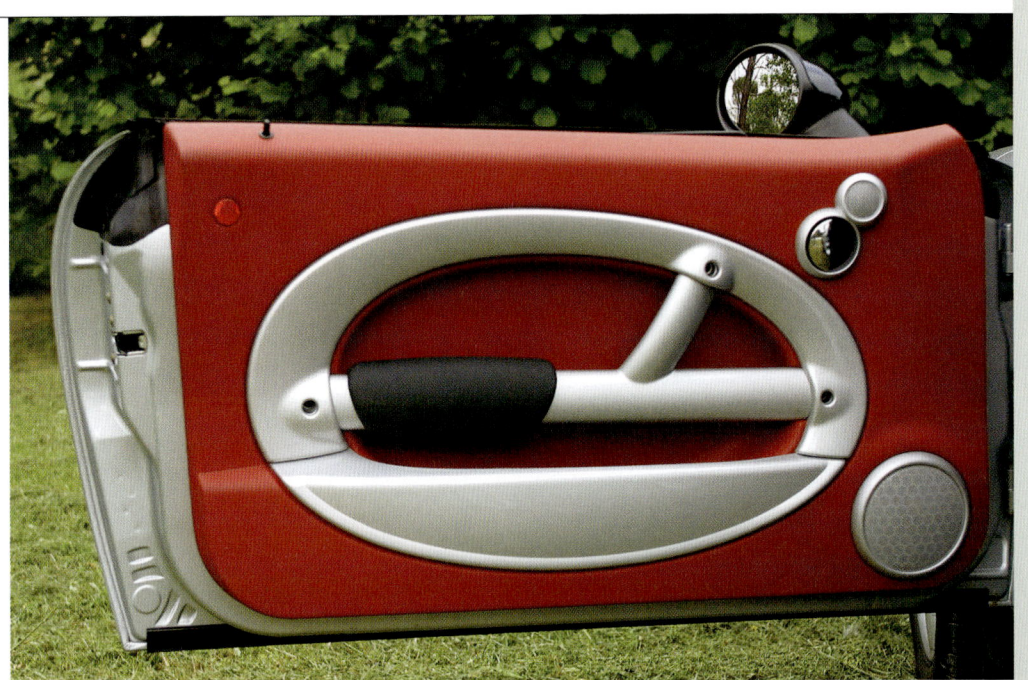

ガラス下に隠されて
左の写真はスピードメーターと独特なドア・デザインを示したもの。ウィンドーにフレーム枠は存在しない。サイドビュー（下）を見るとわかるとおり、Aピラーは光沢のある黒いカバーに隠されている。B／Cピラーは窓の下に隠される。標準装備のアルミホイールは15インチだが、オプションで16（写真）／17インチも取り付け可能。シルバー・ボディに黒のルーフはもっとも人気のカラー・コンビネーション。

だった。

　デザイン上、重要な役割を果たしているのがガラスの使い方だ。フロントウィンドーを濃色のラインで取り囲み、Aピラーは光沢のあるプラスティックでカバーし、ほかのふたつのピラーはガラス下に隠れる。

　当然ボディサイズは大きくなっている。全長は3m強のオリジナルより600mmあまり長い。この差は決定的だろう。インテリア・スペースは問題ではなくなった（フロントにゆとりができたが、トランクは小さい。公表された容量は160ℓだったが、クアトロルオーテの計測では151ℓ）。ステアリングホイールと

クリーン・エネルギー

2001年9月のフランクフルト・ショーからニュー・ミニの販売はスタートした。このショーではクーパー・ハイドロジェン（水素の意）も発表された。このモデルは通常のエンジンをベースに、液化水素燃料タンクを搭載し、低温の液化水素を燃料にして走行する。また、タンクをリアシート下に配置する試みはこのモデルがはじめて。BMWグループでは将来、ミニ・クーパー・ハイドロジェンを実用化するため、作業を続けていくと強調した。

シートは"自分のポジション"が見つけられる調節機能付きである。安全性も含めて、シティーカーとして必要なものはすべて備わっている。レヴカウンターはドライバー正面、スピードメーターはインストルメントパネルの中心に配置されているし（ナビゲーション・システムを装着する場合はタコメーターの脇に置かれる）、スイッチ類も"オールド・スタイル"に別れを告げ、モダーンなタイプに変わった。

装備を使いこなすにはちょっとした慣れが必要だが、全体的には、キャビンに備えられたものはすべて、このクラスのクルマにふさわしい仕上がりだ。まちがいなくユーザーに（価格も含めて）喜んで受け入れられるだろう。

ミニ・クーパーは、イタリアでは100ヵ所あまりのディーラーで販売され、値段は1万7251ユーロ（3350万リラ弱）である。グレードは1種類のみだが、長いオプションリストが付く。パーソナライゼーション（自分だけの仕様にカスタマイズ）が可能ということだろう。

クーパーはあっという間に男性クライアントのハートを掴んだ。2004年の段階で、ニュー・ミニのなかでもっとも好まれるバージョンであり、販売台数は26万382台を数えた。これは、驚くことに、全販売台数の半分を占める数字である。このうちイタリアで販売されたのは2万8738台である。

2004年夏、すべてのバージョンがちょっとしたモディファイを受ける。ハニカム状のエ

ここでミニは造られる

約2400個ものパーツ（60％が海外サプライヤーから）が、オックスフォードの工場でコンピューターを使って組み立てられる。エンジンはブラジルのクリティバからやってくる。工場の広さは4万m²である。229台のロボットがボディ製作に携わり（溶接箇所は3800ヵ所、わずかな時間で正確に行なわれる）、その後、塗装工程へ送られる（サッカー・スタジアム12個分の広さを誇り、イギリスにおいてミレニアム・ドームに続いた大型建造プロジェクトだった）。10時間に8回繰り返される塗装のあと、14時間かけてアセンブリーが行なわれ、完成の運びとなる。

初期の生産台数は年間10万台だったが、2004年終わりには倍になった。2000年から2004年までに投資された2億8000万ポンドに、さらに追加された1億ポンドの投資が功を奏し、2007年にはさらに生産台数を増すことになる見込みである（生産性の柔軟性が高まり、すでに現段階で全生産台数のうち80％が"オンデマンド"生産である）。2001年4月26日にスタートしたワンとクーパーの生産は、388台／週から、今日では7モデル、4500台／週までに増え、数年後にはさらに200台増産できる予定だ。

1週間の労働時間は134時間だが（ほかにメインテナンスに34時間）、オックスフォードの"ファクトリー"自身は1日24時間、毎日稼働する。年間に直すと51週稼働する計算となる。これまでに1万4000人以上の見学者が訪れた。

アインテークに代わり、フォグランプの位置まで横にすっとメッキラインの入るタイプになった。グリルはクローム製になり、スリットバーの数が4本から3本に減った。バンパーとヘッドライトのデザインも新しくなっている（ライトはクリアカバー付き）。テールライトにはリバースランプが組みこまれた。カラーのバリエーションと装備類も増えて、ますますパーソナライゼーションが楽しめるようになったのだ。

モディファイ

2004年夏、インテリア（左）、エクステリアともに軽めのモディファイを受ける。グリル（3スリットバーに）とエアインテーク（クロームバーに）、ヘッドライトが変わった。リアはテールライト（下写真）に手が入り、リバースランプが組みこまれた。その左は2001年型のテールライト。

ミニ・ワン 2001〜

拡販モデル、ワン

ミニ・ワンは2001年3月のジュネーヴ・ショーでデビュー。4月26日、クーパーとともにオックスフォードで生産開始となった。2台の違いは、性能ばかりではなく、エクステリアにもみられる。たとえば、ワンのホイールはスチール製で（アルミ製ではない）、全体的に黒がポイントとなっている（クーパーはボディカラーによってルーフに黒か白が使われている）。メーカーのオフィシャル・フォトは女性を意識しており、実際、ユーザーも女性が多かった。

男の夢はクーパーに向かう。対する女性はまったく異なるモデルを好むようだ。

販売がスタートしてから最初の6ヵ月間で、ユーザーの手に渡ったニュー・ミニの40％はミニ・ワンだった。そして、ワンの購入者の35％が女性である。性能を重視する父親、男兄弟、夫、恋人、男友達に対して、女性はそういうことを気にしないという事実が、数字で改めて確認させられたということだろう。

おそらくクルマを使うのは"都会"が中心であり、加えてこのクルマのディテールに魅かれた点も大きいようだ。たとえば（最大80度まで可能という）ドアの開き方は、乗り降りが楽なことに加えて、リアシートへのアクセスも楽、ということはチャイルドシートの装着も楽だということを意味する。最優先項目というわけではないが、質と値段にバランスがとれていることも重要だろう。値段は決して安くはない。ワンのベースモデルは1万4551ユーロ（2817万4000リラ）である。これがデラックスモデル（エアコン、ステレオ、シルバーのダッシュボード、フォグランプが標準装備）になると1万6051ユーロ（3107万9000リラ）になる。

彼女たち以外のユーザーとしては、クーパー同様、ワンもまたクリエイティヴな職業に就く若者、コンパクトながら個性と魅力あふれるセカンドカー、いやサードカーを求めるリッチ・ファミリーが中心だった。クーパーがスポーティの代名詞になるとすれば、ワンに与えられた役割は都会のクルマということになるだろう。燃費も多少気になるところだ（100km/h巡航のメーカー公表値では、クーパー6.7ℓ／100kmに対し、ワンは6.5ℓ／100km）。

エンジンはクーパーの4気筒1.6ℓの"ペンタゴン"と同じだが、最高速度は185km/hである。ツートーンにペイントされ、クロームを多用したクーパーに対して、ワンは黒をアクセントにしている。グリル、バンパーに組みこま

同じ
デザイン・コンセプト
ショートテールのリアビューは、テールライト類の処理やグラスエリアの意匠など、伝説を作ったオリジナルを思い出させる。

テクニカルデータ
ミニ・ワン（2001）

【エンジン】＊形式：直列4気筒／横置き ＊ボア×ストローク：77.0×85.8mm ＊総排気量：1598cc ＊最高出力：90.0ps／5500rpm ＊最大トルク：140Nm／3000rpm（DIN）＊圧縮比：10.6：1 ＊タイミングシステム：SOHC／4バルブ ＊燃料供給：電子制御インジェクション

【駆動系統】＊駆動方式：FWD ＊変速機：5段 ＊クラッチ：乾式単板 ＊タイヤ：175/65HR15

【シャシー／ボディ】＊形式：モノコック／3ドア・セダン ＊乗車定員：4名 ＊サスペンション：（前）独立 マクファーソン・ストラット／テレスコピック・ダンパー スタビライザー（後）独立 マルチリンク／テレスコピック・ダンパー スタビライザー ＊ブレーキ：（前）ベンチレーテッド・ディスク（後）ディスク サーボ／ABS ＊ステアリング：ラック・ピニオン（電動油圧式パワーアシスト）

【寸法／重量】＊全長×全幅×全高：3630×1690×1410mm ＊ホイールベース：2470mm ＊トレッド：（前）1460mm（後）1470mm ＊車重：1065kg

【性能】＊最高速度：185km/h

れたエアインテーク、サイドミラーはいずれも黒だ。ホイールは15インチのスチール製を履く（クーパーはアルミ製）。海外向けモデルのなかにはレヴカウンターがオプション装備のものもあった（イタリア仕様は標準）。

2002年にはオートマティックが追加される。翌年にはディーゼルのワンDが登場した。2004年夏、クーパーがモディファイを受ける。この年の暮れ、ガソリン仕様のワンの販売台数は11万3261台に達した（イタリアにおける販売台数は1万6021台）。この数字は、世界中で39万9685台が販売されたニュー・ミニのクローズド・モデルの、28％にあたる。

ナビゲーションシステム

オプションで用意されたナビゲーション・システムは、スピードメーターがあった場所に装着される。画面サイズは16×9cm。ウッドのステアリングホイールとダッシュボードもオプション（仕向け地によってはレヴカウンターもオプション）。フロアから生えているような、アルミ色の2本のバーに挟まれたオーディオやエアコンのスイッチ類が特徴的だ。上の写真は拡販モデルともいえるベース・グレードのワン。グリルとエアインテークに黒が使われている。

ミニ・クーパー／ワン インプレッション

　ワンとクーパーがディーラーに並ぶ以前の、2001年9月号の『クアトロルオーテ』で2台のテストを行なった。タイトルを見ただけで読者の興味をそそるクルマのテストだ。

　「コンパクト、モダーン、ハイクォリティな仕上げ、パーソナライゼーション可能なインパクトの強いクルマである。成功は火を見るよりも明らかだ」つまり、クアトロルオーテ編集部はこの"変装した"BMWが気に入っていたのだ。メルセデスとアウディが幅を利かせる、人気の高いセグメントBのアッパークラスに殴りこみをかけたミニ・クーパーは、"プレミアム・コンパクト"の代名詞になるクルマだった。ツートーンカラーをスポーツ・バージョンの証とするミニ・クーパーは、よくチューニングされたサスペンションと高剛性ボディで、すばらしい敏捷性を備えている。路上では確実で正確な走りっぷりを披露した。

　「スピードを出しすぎるとアンダーステア気味になるが、度を超したアンダーではない。予想しなかった障害物を避けるような緊急事態に際して急ハンドルを切ったり、スロットルを急に緩めたりすると、リアがグリップを失う。しかし、修正はしやすい」いずれにしても、オプションでトラクション・コントロール・システム（ASC＋T）、スタビリティ・コントロール・システム（DSC）が用意されている。

　エンジンは四つ星だ。3500rpmを超えると活発になる、限界まで楽しめるエンジンだ。加速テストでは、クーパーは他の1600ccモデルを引き離し、シフトダウンの誘惑に駆られることなく、充分な性能をみせた（四つ星）。

　反対に、納得がいかなかったのがブレーキである。「4輪にディスクブレーキが装備され、フロントはベンチレーテッドで、ABSが装備されているにもかかわらず、テスト結果は中の上といったところだ。寿命が長いパッドで

いよいよ到着
2001年9月、『クアトロルオーテ』の表紙はミニ・クーパー。イタリアに入ってきた最初の何台かのうちの1台だ。ワンとクーパーのテストが掲載されたほか、この年に実施したテストを集めたビデオテープが付録だった。

"ロードホールディング"テスト

このページの写真はミニ・ワン（ブルー）とクーパー（レッド）のテストシーン。旋回性能を計測しているところだ。結果は上々。ワンは0.90G、クーパーは0.92G。1.06Gを記録したシトロエン・サクソVTSのような"小型爆弾"もあったが、クーパーの挙動変化時の安定性は悪くない。

はあるが、性能は落ちる」ハンドリングは悪くはないが、プログレッシヴな応答性がいまひとつで、限界域では1拍遅れて感じることがある。操舵感は軽く、扱いやすい。

燃費はいい。クーパーはその性能にもかかわらず、ワンとほぼ同じだった。街中と高速道路の併用では10km/ℓで、高速道路だけの場合は約15km/ℓを記録した。

代わって、ワンはおとなしいモデルだが、ドライビングが実に楽しい。「計測の結果は、このカテゴリーのクルマとしては中だったが（加速は三つ星、制動力は二つ星）、スタビリティと重量配分が良く、ウェット路面でも問題ない。きびきびとしたハンドリングや、シフトフィールはいいのだが、クラッチは少々重めだ」

クアトロルオーテが賞賛したのはドライバーズ・シートで（四つ星獲得）、低めのポジションが絶妙だ。「シートは本物だ。幅があって長さがあって、なかなかスポーティである。まさにドイツ車の座り心地といえるだろう。細かな調整も可能で、シートは身長190cmのドライバーでも自分に合ったポジションを見つけられるし、ステアリングホイールにはチルト機能が装着されているため、足のスペースを確保するにも問題ない」

ペダル配置もいいし、左足用のフットレストが用意されているのもありがたい。

ダッシュボード上のスイッチ類についてい

うと、見た目は独特だが、使い勝手は悪くない。デザインと機能がうまく共存している好例といえるだろう。マニュアル・エアコンは四つ星に値する。窓の曇りをさっと取り去るが、ただし、外気温に対して敏感なところだけは難点かもしれない。また、風速をマキシマムにするとファンノイズが気になる。

　トランクはせいぜい二つ星止まりだ。「151ℓの容量は（リアシートを倒すと670ℓ）、トランクはあるぞと示しているだけでしかない。このクラスのトランクはあまり役立たないといわれているが、ライバルと比べてみても、アウディA2、メルセデスAクラスにはもっと広いトランクが用意されている」

ちょっと疲れ気味
特にクーパーでは、スピードと燃費に満足。いっぽう、ブレーキ性能は改善の余地あり。制動距離に問題が見受けられた。フェード・テストでは、タイアにも原因があるが、性能にムラがあるとの結果を得た。

PERFORMANCES

	ワン	クーパー
最高速度		km/h
	179.589	196.483
燃費（5速コンスタント）		
速度（km/h）		km/ℓ
70	22.1	20.4
90	17.8	17.3
100	16.0	15.7
120	13.0	12.9
130	11.8	11.6
140	10.8	10.5

		ワン	クーパー
発進加速			
速度（km/h）			時間（秒）
0－60		4.9	4.3
0－80		7.8	6.7
0－100		11.5	9.9
0－120		17.0	13.7
0－130		20.4	16.0
0－140		26.2	19.0
停止－400m		18.1	17.1
停止－1km		33.5	31.3

	ワン	クーパー
追越加速（5速使用時）		
速度（km/h）		時間（秒）
70－80	4.3	3.6
70－100	12.6	10.5
70－130	28.9	24.0
制動力（ABS）		
初速（km/h）		制動距離（m）
60	15.4	15.8
100	42.7	43.8
130	72.2	74.1

ミニ・クーパーS 2001〜

クーパーSは、2001年10月終わりから11月初めにかけて開催された、東京モーターショーでのデビューに先駆けて発表された。続く12月、ボローニャ・モーターショーでのヨーロッパ初のお披露目が、ヨーロッパ・デザイン・インスティテュートの若いデザイナーがデザインしたスタンドで行なわれた。

クーパーSは2002年6月6日のディーラー正式デビュー前に、すでに評判になっていた。イタリア市場向けには1000台が割り当てられたが、販売開始を待たずに、すべて予約済みとなった。いっぽう、すでにこの年の1月、オックスフォードの工場ではデリバリーの準備が整っていた。

クーパーSがデビューする数ヵ月前から、ニュー・ミニはトレンディ・アイテムとなっており、引く手あまたな存在だった。たとえばイギリスでは、クーパーを買うために古いロールスを手放すユーザーが現われるいっぽうで、83歳の老人が3歳の孫にクーパーをプレゼントしたり、また、ドイツではポルシェ・ディーラーが、ポルシェをメインテナンスに出す顧客の代車として、このクルマをセレクトした。ワンの顧客リストにはミュンヘン警察

たくましい
ワイドトレッドに長くなった全長、低い重心。出力は163ps。クーパーSにはドライビングの楽しさを保証するあらゆる要素が詰まっている（上はデザインセンターのスケッチ）。スポーティなキャラクターを意識させられるのは、インタークーラーを搭載するために40mm膨らんだエンジンフードのエアスクープだ。大きくなったバンパーとグリルバーはボディと同色。

世界中のコーナーを駆ける

ボディのクーパー・ロゴの横で赤く光る"S"の文字。S字のコーナーをイメージさせる字体は、まさにこのクルマがスムーズにコーナーをクリアしていく姿そのもの。クローム仕上げのツイン・エグゾーストパイプやルーフ（白か黒）エンドのスポイラーも、クーパーSの特徴。（2002年6月）デビュー時のイタリアでのプライスは2万1500ユーロ。

テクニカルデータ
ミニ・クーパーS（2002）

【エンジン】＊形式：直列4気筒／横置き ＊ボア×ストローク：77.0×85.8mm ＊排気量：1598cc ＊最高出力：163.0ps／6000rpm ＊最大トルク：210Nm／4000rpm（DIN）＊圧縮比：8.3：1 ＊タイミングシステム：SOHC／4バルブ ＊燃料供給：電子制御インジェクション／インタークーラー付きスーパーチャージャー

【駆動系統】駆動方式：FWD ＊変速機：6段 ＊クラッチ：乾式単板 ＊タイヤ：195/55VR16

【シャシー／ボディ】＊形式：モノコック／3ドア・セダン ＊乗車定員：4名 ＊サスペンション：(前) 独立 マクファーソン・ストラット／テレスコピック・ダンパー スタビライザー (後) 独立 マルチリンク／テレスコピック・ダンパー スタビライザー ＊ブレーキ：(前) ベンチレーテッド・ディスク (後) ディスク サーボ／ABS, DSC ＊ステアリング：ラック・ピニオン（電動油圧式パワーアシスト）

【寸法／重量】＊全長×全幅×全高：3660×1690×1420mm ＊ホイールベース：2470mm ＊トレッド：(前) 1460mm (後) 1470mm ＊車重：1140kg

【性能】＊最高速度：218km/h

パワーの源
クーパーSの小さなエンジンルームは混みあっている。スーパーチャージャー、インタークーラー、新設計の6段ギアボックス。バッテリーはトランクのスペアタイヤのスペースに（ランフラットタイヤを装備したことにより可能となった）。

ほとんど完成
他のニュー・ミニ同様、クーパーSもまたオックスフォードのモダーンな工場で誕生する。左写真はエンジンとボディの"結婚"風景。

の名前もあった。

このような状況下で誕生したクーパーSのヒットは、もはや約束されていたようなものだった。ニュー・ミニのエクストリーム・モデルであるこのクルマと、ノーマル・バージョンとの違いは、サイドとリアに記されたパワーの証、"S"のエンブレムから始まり、40mm膨らんだエンジンフードのインタークーラー冷却用のエアスクープ、大型化されたバンパー、ルーフエンド・スポイラーが挙げられる。また、ヘッドライトが変更されたほか、フィラーキャップには、ツイン・エグゾース

トパイプ同様、クローム加工が施されている。インテリアはクーパーの名にふさわしくスポーティに仕上げられ、6段シフトレバーのノブの頂部はスチール製である。

エンジンは従来どおり、"ペンダゴン"の4気筒にスーパーチャージャーが装着された。スーパーチャージャーとインタークーラーによって生み出される最高出力は、163ps／6000rpmである。増大する熱量に対応するため、クランクシャフト、ピストン、バルブ、コンロッド、ラジエターは専用品が使われている。

圧縮比は10.6：1から8.3：1に変更された。

オーダーメイド

ミニ・クーパーSのキャビン。ファブリックシート、革巻きステアリングホイール、メタル調パネルが並ぶが、オプションで大幅な変更、すなわちパーソナライゼーションが可能。たとえば、ナビゲーション・システム（スピードメーターがレヴカウンター脇に移動）、マルチ・ファンクション付きステアリングホイール、レザーシートなどが選べる。イタリアでは、クーパーSはあっという間にニュー・ミニ内占有率を高めた。2002年には1169台、2003年には2723台、2004年には2767台。いずれもクローズド・バージョンだ。クーパーSコンバーティブルは2004年に147台が販売された。

60万台

2002年6月6日のクーパーSのデリバリー開始直前、10万台目のニュー・ミニが誕生する。この記念すべき一台は、ブルー・エレクトリックのクーパーSだった。エスカレートするいっぽうのミニ人気はエンドレスだ。生産開始は2001年4月で、この年の12月までに4万2395台、週平均生産台数1171台を数えた。2002年には16万37台（週平均3253台）に増加、2003年3月には20万台を達成した。この時点で、年間合計台数は17万4365台（週平均3617台）だった。2004年は週平均3851台、年合計18万9492台にも及んだ。生産開始から4年弱の2004年8月には50万台に達した。2005年5月、いよいよ60万台に到達する。販売も生産同様、実に快調である。

販売台数は、2001年には2万4980台（クーパー＝60％／ワン＝40％）、2002年には14万4119台（クーパー＝55％以上／クーパーS＝19％／ワン＝26％）、2003年には17万6465台（クーパー＝50％／クーパーS＝25％／ワン＝20％／ワンD＝5％）、2004年には18万4357台（クーパー＝41％／クーパーS＝22％／ワン＝17％／ワンD＝10％／カブリオ＝10％）を記録した。

全方位コミュニケーション

トレンド、社会現象、収集品、表現の対象。(昔のミニも現在のニュー・ミニも)ミニは自動車であって自動車でない、自動車以上のキャラクターを備えている。この事実を証明する機会には事欠かない。コンテンポラリー・デザイン展のスポンサーになったり、ミラノのIEDチームにモーターショーのブースデザインをしてもらったり(2001年ボローニャ・モーターショー)、7万点の応募があった女性イメージを競うコンクール、映画フェスティバルや銀幕の世界では"永遠の"ヒーローを演ずる。

1960年代から、映画の世界では(テレビドラマでも)、誰からも愛される主人公の足にはいつもミニの姿があった。クルーゾー警部しかり、イタリアでは『ラ・ラガッツア・コン・ラ・ピストラ(ピストルを持った少女)』のモニカ・ヴィティしかり、『おしゃれ秘密探偵』の諜報部員から『フォーウェディング』まで。もちろん忘れられないのは1969年の『ミニミニ大作戦』だ。マイケル・ケイン、ラフ・ヴァローン、そしてミニ。2003年のリメイク版(左はそのワンシーン)では、エドワード・ノートンにシャーリーズ・セロンとニュー・ミニ33台が使われた(そのうち、無事原形を留めた2台はオックスフォードに運ばれ、コメディ映画『オースティン・パワーズ パート3』で使われたミニの隣に並べられた)。

映画のポスターからチラシまで(下はイタリアの街頭ポスター)、はたまたテレビドラマからポリスカー・ミュージアム、ワンメイク・レース、チャリティー・ショー、そしてさまざまなイベントやファンの集いまで、いつもそこにはニュー・ミニがいた。このクルマの放つ強烈な存在感は、コミュニケーションの手段になったのだった。コミュニケーションというよりコ"MINI"ケーションとでも表現すべきか——。

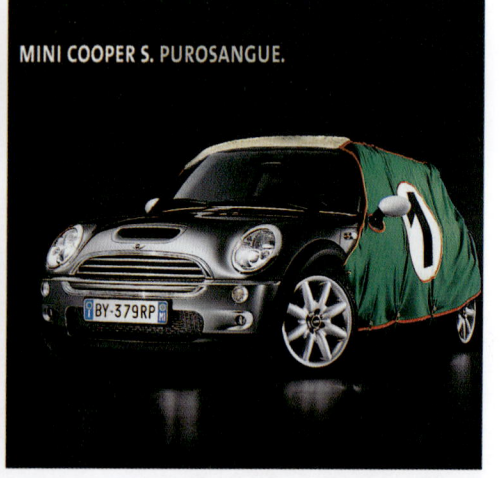

特に力を注がれたのがエグゾースト周りで、感性に訴える演出のために、クーパーSに合わせて製作された。

最大トルクは210Nm（2500rpmから6500rpmで最大トルクの80％を発生）、6段マニュアル・ギアボックスはよりスポーティに設定されている。標準で、16インチ・ホイールに195/55R16のタイヤが組み合わされるが、ミニの得意技、"ゴーカート・フィーリング"を提供する17インチ・ホイールと205/45R17のタイヤがオプションで用意された。

注目すべきは、このクラスで唯一ランフラットタイヤが標準装備された点である。空気圧が減っても150kmまで走行が可能、最高速度80km/hでの巡航を保証するというものだ。また、ミニはすべてのバージョンでパンクを警告するシステムが標準装備された。

クーパーSは発売直後から順調に販売を伸ばし、2002年には（ミニ全体の18.5％にあたる）2万8582台、2003年には4万4461台（25％）、2004年には4万443（21.9％）を記録した。この年、コンバーティブル・モデルが登場し、4803台が販売された。

2004年、クーパーSがモディファイを受ける。スーパーチャージャーとエグゾースト・システムが変更され、これにより出力は170ps（＋7ps）に向上、最高速度は222km/hにまで達した。最大トルクは220Nmとなり、0－100km/h加速は7.2秒に記録を縮めた。

ミニ・ニュース
2004年、クーパーSもモディファイを受ける。ステアリングホイールが3本スポークになり（他のバージョンにも採用されている）、（左）クロノ・パックのコクピット（ディーゼルには採用されず）、元来あったスピードメーター（レヴカウンターの横に移動）の場所に油圧／油温計、水温計、燃料計が並ぶ。クーパーSのみ、パネルがボディ同色に。横はクーパーSのフェイスリフト後のフロントビュー。グリルとバンパーは変更なし。新しくなったのはライト類（キセノン・ライトはオプション）だった。

ミニ・クーパーS インプレッション

2002年7月号で、待ちに待ったミニ・クーパーSの試乗テストを実施した。1600ccスーパーチャージャー付きエンジンが大パワー（163ps）を生み出す。テスト開始後すぐに、バランスのとれたシャシーと安定性の良さを実感するが、実際、ロードホールディングでは最高得点（五つ星）を獲得している。

クーパーSの挙動はスポーティでドライビング・プレジャーにあふれている。「ステアリングは正確でレスポンスはクイック、他に類をみないほどの良さだ。わずかなノーズダイブがあるとはいえ、ノーズがコーナーにぴたっと吸いついていく。ステアリングの操作に気を遣う必要はない。むしろ、スロットルをうまく扱うことが大切だ。長いコーナーをクリアするのは難しいことではない。ここではステアリングを修正しないことがポイントだ。ストレートとコーナーがミックスされた道路では、まるでカートのようなシャシーの神経質な動きに慣れることが肝要だが、標準装備されたDSC（ダイナミック・スタビリティ・コントロール）が上手にアシストしてくれる」

エンジン（四つ星）は3000rpmを超えたあたりから良くなる。「これ以下でもスーパーチャージャーの存在を感じないわけではないが、3000rpmを超えると、その音ではっきりとエンジンの良さがわかる。6速にシフトアップできるにもかかわらず、5速を保ち続けたくなるのは、引き続き、この"コンサート"を楽しみたいからで、右足でもそれは感じることができる」

ブレーキ・システムはニュー・ミニの他のバージョンよりずっといい。停止までの距離は、画期的とまではいかないが、耐久性も高く、申しぶんない。燃費についてもグッド・ニュースを提供できる（三つ星）。エンジンを考えると充分に納得できる数字だ。他のニュー・ミニと比べても、その違いは10％ほど悪いだけである。

イタリアの最高司令官

『クアトロルオーテ』2002年7月号、表紙はデビューしたばかりのランチア・フェドラ。同じくデビューしたばかりのテージスとともに、インプレッションを掲載。ミニ・クーパーS以外では、マセラーティ・クーペ・カンビオコルサ、7台のユーティリティ・カーの比較テストも掲載された。

PERFORMANCES

最高速度	km/h
	217.061
燃費（6速コンスタント）	
速度（km/h）	km/ℓ
70	19.3
90	16.1
100	14.6
120	11.7
130	10.4
150	8.3
発進加速	
速度（km/h）	時間（秒）
0−60	3.9
0−80	5.9
0−100	8.4
0−120	11.2
0−130	13.0
0−150	17.3
停止−400m	16.1
停止−1km	29.0
追越加速（6速使用時）	
速度（km/h）	時間（秒）
70−80	3.6
70−100	10.6
70−120	17.9
70−140	25.9
制動力	
初速（km/h）	制動距離（m）
60	14.2
100	39.4
130	66.6
150	88.6

我が家のような場所で
コーナーとストレートが混在した道のドライブが楽しいクルマ、それがクーパーSだ。それはサーキットにおいても同じ。安全に限界まで振り回すことができるから、免許停止なんていう事態も、一瞬のうちに起こりうるのでご用心。

ミニ・オートマティック 2001〜

ニュー・ミニの"市民的"な性格を考えると、オートマティックを加えないわけにはいかないだろう。デビュー当時からその噂はあったものの、オプション・リスト入りしたのはデビューから数ヵ月後のことだった。オートマティックが設定されたのは、ワンとクーパーのみである。

このギアボックスは非常にモダーンなCVTで、完全なオートマティックとしても使用できるが、同時に"ステップトロニック"として、ドライバーがレバーを前後に動かすことによりギアをセレクトすることも可能なものだ（クラッチペダル自体が存在しないので、ややこしいペダル操作は要らない）。

2002年10月号でクアトロルオーテが記しているとおり、ニュー・ミニはますます都会での運転が楽しいクルマになった。ドライビングも、2ペダル化によって、よりリラックスした快適なものに、それでいて他のクルマのように、その優れたキャラクターを変えてしまうことがない。CVTの良さは、街中のみならず、コーナーの続くワインディングロードでも味わうことができる。ドライビング・プレジャーを満喫できるのだ。「シフトに気を取られることがないし、クラッチに煩わされることなく、ドライビングに集中できる。コーナーのライン取りだけを考えればいいのだ」

2005年1月のデトロイト・ショーにおいて、クラッチをどう扱っていいのか悩むアメリカ人クライアントのために、この"ツーペダル"のクーパーSが登場する。この時期ボディとエンジン（170psに）がモディファイを受け、6段モード付きCVTが搭載されたことで、モデルのラインナップは完成する。ディーゼル・モデル以外、クローズド、コンバーティブルを問わず、すべてのグレードに6段モード付きCVTが用意された。オプション価格は1500ユーロだった。

ラクシュリーシティカー
ワンとクーパーにオプションでCVTが用意される。価格は1500ユーロ。とても優れたオートマティックだが、性能やキャラクターに悪影響を及ぼすことはない。燃費もしかり。2002年10月号『クアトロルオーテ』のドライビング・インプレッションのひとこま。

ニュー・レバー
ニュー・ミニの室内。CVTの採用によって、シート間のシフトレバーが新しくなった。クラッチペダルは存在しない。セミ・オートマティック"ステップトロニック"は、ステアリングホイールのスイッチで操作が可能だ。

ミニ・ワンD 2003〜

MINIカプセル
例に漏れず、Dのデビューでも奇抜で洒落た広告が展開された。キャッチフレーズは"ビタミンD"。

下：トヨタ製のターボディーゼル1.4。他のモデルとの違いは、プラスティック・カバーがないところ。

2003年3月のジュネーヴ・ショーで、ニュー・ミニのディーゼル版がデビューした。40年の歴史の中で（イノチェンティ・ミニ・ディーゼルを除けば）初めてのディーゼル登場ということになる。なんという変化だろう！ イシゴニスの時代、ディーゼルは異端児扱いされていたが、いまやマーケットには、ディーゼルに対する大きな需要が存在するのだ。

ワンDに搭載される4気筒ターボディーゼル・ユニットは、トヨタ・エンジンをベースにしたもので、最高出力75ps、最大トルク180Nmを発揮する。軽量なアルミ鋳造で、2バルブ・ヘッドのシングルカムは、メインテナンスフリーのチェーン駆動だ。第2世代のコモンレールのダイレクト・インジェクション、ターボチャージャーとインタークーラーが、性能と燃費を約束し、ノイズと排ガスも軽減する。

パワーは限られているにもかかわらず、クーパーSの6段ギアボックスがエンジンを活発にする。外気温が零度以下の場合のみ、エンジン始動時に少し時間がかかるが、補助電気装置が熱エネルギーを供給、エンジンの水温を上げ、続いてキャビンを温め、窓の曇りをとる。

ワンDの装備類はガソリン仕様と同じで、違いはロゴのみということになる。（2004年に小変更を受けた）フロントマスク、バンパー、エアインテークは同一だが、リアのエグゾースト・パイプは隠されている。

室内も変わらないが、唯一の例外はレヴカウンターの目盛りに変更がある点だ。トルクが増大したことで、オートマティック・スタビリティ・コントロール（ASC＋T）が標準装備となった。その他、スペアタイアのスペースにバッテリーが配置されたため、タイアのリペア・キット、ミニ・モビリティ・システムも標準装備された。

イタリアでは2003年5月24日から、ふたつ

ちょっとクーパーS
ミニ・ワンDにはトップグレードと同じ装備が用意されている。クーパーSと同じ6段ギアボックスが搭載されているほか、エアインテーク（インタークーラー用）も同じ。いっぽう、サイドミラーやグリルはワンのガソリン仕様と同じく、黒にペイントされている。

テクニカルデータ
ミニ・ワンD
（2003）

【エンジン】＊形式：直列4気筒／横置き ＊ボア×ストローク：73.0×81.5mm ＊総排気量：1364cc ＊最高出力：75.0ps／4000rpm ＊最大トルク：180Nm／2000rpm ＊圧縮比：18.5：1 ＊タイミングシステム：SOHC／2バルブ ディーゼル ＊燃料供給：コモンレール式ダイレクト・インジェクション／インタークーラー付きターボチャージャー

【駆動系統】＊駆動方式：FWD ＊変速機：6段 ＊クラッチ：乾式単板 ＊タイア：175/65HR15

【シャシー／ボディ】＊形式：モノコック／3ドア・セダン ＊乗車定員：4名 ＊サスペンション：（前）独立 マクファーソン・ストラット／テレスコピック・ダンパー スタビライザー （後）独立 マルチリンク／テレスコピック・ダンパー スタビライザー ＊ブレーキ：（前）ベンチレーテッド・ディスク （後）ディスク サーボ／ABS，ASC ＊ステアリング：ラック・ピニオン（電動油圧式パワーアシスト）

【寸法／重量】＊全長×全幅×全高：3630×1690×1420mm ＊ホイールベース：2470mm ＊トレッド：（前）1460mm （後）1470mm ＊車重：1100kg

【性能】＊最高速度：165km/h

MINIグローバリゼーション

わずか3年間にアメリカで10万台のニュー・ミニが売れるなどと、誰が想像しただろうか？ 2002年春、アメリカ市場向けに用意された2万台のニュー・ミニを手に入れようと、ディーラーの前で徹夜するユーザーが出たこの事実を、どう解釈したらいいのだろう。「時代は変わった」ということだろうか。

1960年代、BMCがアメリカにミニを持ちこんだ時は、ちょっとしたスキャンダルだった。アメリカ人は大きなクルマが好きだったし、いっぽう、ミニのキャビンは極端に小さい。いくらミニがイギリスの魅力に溢れていたとしても、だ。だからといって、サイズは二の次というわけにもいかない。確かにニュー・ミニはボディサイズこそ大きくなった。だが、彼らが考えるほど大きなサイズになったわけではないのだ。なのに、徹夜組が出るほどの騒ぎになったのは、なぜなのだろうか。

答えはBMWグループの行なったマーケティングにある。サイズを逆手にとって、アメリカ人の心をくすぐったのだ。たとえば、そのキャッチフレーズだ。「ほかのものが少し大きすぎると思わせるクルマ」（通常の2倍の大きさの電話ボックスとニュー・ミニの比較）。もしくは、「この週末は何をして楽しみますか？」というフレーズが記された、フォード・エクスカージョンの上にニュー・ミニが載っているビジュアルだ。

アメリカ市場征服は、ニュー・ミニにとっては、ケーキの真ん中に欠けていたサクランボを載せる作業ようなもので、このクルマのサクセスに最後の仕上げを施すものだった。

2004年には、合計販売台数18万4357台のうち、3万6000台がアメリカで販売された。これは本国イギリスに続いて2番目の販売台数で、全体の20％を占める数字だ。続いてドイツ、イタリア、日本、そしてフランス（この国でのクーパーの活躍の歴史を考えれば驚きとはいえない）が順に並び、さらに世界中の68ヵ国がフランスのあとに続く。

の仕様でワンDの販売がスタートした。ベースは1万7300ユーロ、デラックス版は1万8200ユーロとなっている。

　Dの販売台数は、2003年には9316台（ニュー・ミニ全体では17万6465台）、2004年には1万6726台（同18万4357台）、つまり、ディーゼルが占める割合は全体の10％以下ということになる。しかし、イタリアに関していえば2年間で1万2479台と、高い比率といえるだろう。

　2005年10月、ワンDのエンジンはパワーアップ（88ps）され、さらにユーロ4の排ガス基準値をクリアする。その新バージョンは700ユーロ増となった。

ニュース

2004年、ワンD（赤いボディ）も含めて、ニュー・ミニのすべてのバージョンが小変更を受けた。ライト類が変わったが（下は前モデルとの比較）、バンパーは同じ（クロームのタイプはデラックス・バージョン）。2005年は技術面で変更があり、出力が向上して88psに。

ミニ・ワンD インプレッション

イプシロン登場

ミニ・ワンDのテストは2003年7月号に掲載された。ニュー・ミニのライバルとなるランチア・イプシロンがデビュー、表紙を飾ったのもこのクルマだった。テレビ番組『ストリシャ・ラ・ノティツィア』のマッダレナ・コルヴァリアバとともに。

ワンDのテストは、『クアトロルオーテ』2003年7月号に掲載された（88psバージョン登場前）。ディーゼル版のニュー・ミニということで、もっとも話題になったクルマだ。

トヨタ・ヤリス（日本名ヴィッツ）の4気筒ターボディーゼル・エンジンは、クルマにマッチしてはいるものの、性能は充分とはいえない。つまりミニ・ワンDは、ガソリン版のようにスポーティなキャラクターというわけではないということだ。それでも、最大トルクは180Nm／2000rpmと、充分に太いトルクを持った楽しいクルマである（性能は三つ星を獲得）。6速目は非常にハイギアードで、高速道路を130km/hで走るときのみ使用可能といえるものだ。「スピードダウンを余儀なくされるケースでは、シフトダウンしなければならない。6速固定で70km/hから120km/hへ加速するのに25秒とは、かかりすぎだ」

静かなのは低速時のみで、回転がマキシマムに近づくと、不快で耳障りなノイズとなる。ロードホールディングはニュー・ミニそのものだ（クアトロルオーテの判定は四つ星）。「タイアも含めて、がっちりとしたそのボディ剛性がワンDをすんなりとコーナーに進入させる。限界スピードでは若干オーバーステアがでる。スロットルをオフにするとタックインして、前輪駆動の典型的な動きを見せるものの、コースを外れるようなことはない」

ハンドリングも他のバージョン同様、悪くない。クルマをみごとにコントロールする。

エンジンに話を戻すと、ワンDはスポーティな活発さを犠牲にしたが、燃費がその点を補っている。「70km/h巡航で3ℓ／100kmを達成しそうな勢いだ」街中なら平均で20km/ℓというも現実の話で、理論上1000km走行可能ということになる。この事実を鑑みるかぎり、エンジンにこれ以上のものを望むのは無理というものだろう。

PERFORMANCES

最高速度	km/h
	165.163

燃費（6速コンスタント）

速度 (km/h)	km/ℓ
60	35.7
80	27.2
100	20.7
120	15.9
130	14.1
140	12.5

発進加速

速度 (km/h)	時間 (秒)
0−60	5.6
0−80	9.7
0−100	14.6
0−120	23.1
0−130	28.5
0−140	38.2

停止−400m	19.3
停止−1km	36.2

追越加速（6速使用時）

速度 (km/h)	間 (秒)
70−80	6.3
70−100	15.7
70−120	25.6
70−130	31.9
70−140	40.3

制動力（ABS）

初速 (km/h)	制動距離 (m)
60	15.0
80	26.6
100	41.6
120	59.9
130	70.4
140	81.6
150	93.7

**"ゴーカート
フィーリング"**
ターボディーゼルを搭載しても、ワンDのハンドリングはニュー・ミニそのもの。写真はクアトロルオーテのスタッフによる、コーナーでの限界性能テスト中のひとこま。限界でもコントロールはたやすく、実際、いつものハンドリングテストの通過速度も速かった（100.8km/h）。

Passione Auto • **Quattroruote** 197

ミニ・クーパーJCW 2003〜

アフターマーケット

チューンナップ・キットは後付け。イタリアでは装着後、車検証への記載が義務づけられた。エンジン用のキットにはエクステリアをモディファイするものは含まれていない。外観からそれとわかるのは、スポーツマフラーとエンブレム（上）。右の写真はグッドウッドを行くミニ・クーパーJCW。グッドウッドは、ジョン・クーパー・チャレンジが行なわれる、ヒストリーのあるサーキットだ。

固く結ばれたふたつの名前、それがミニとクーパーだ。運命ともいうべき両社のコラボレーションは40年にわたって続けられてきた。

ミニのブランドを手にしたBMWもまた、ニュー・ミニをさらに楽しく活発に仕立てあげるクーパーに協力を依頼し、1990年代半ばに作業はスタートした。

コラボレーションは、2002年にクーパーとクーパーS用のジョン・クーパー・ワークス・キットからスタートする。世界中のマーケットで販売が始まったのは2003年4月だった。クーパーのチューニング・キット（3000ユーロ＋工賃）は、スーパーチャージャーの性能向上を図るシリンダーヘッド、インジェクション、エアフィルター・キットで構成されるほか、エグゾースト系がイノックス製のそれに代わる。

最高出力は126ps／5750rpm、最大トルクは155Nm／4700rpm、最高速度は204km/hに達する。0ー100km/hはわずか8.9秒だ（メーカー公表値）。クーパーS用のキット（イタリアでは5160ユーロ＋工賃）だとさらにパワーアップし、最高出力200ps／6950rpm（最大トルク240Nm／4000rpm）、最高速度226km/h（メーカー公表の0ー100km/hは6.7秒）という数値にまで到達する。

当然のことながら、ジョン・クーパー・ワークス・キットは、正規ディーラーで販売さ

サイレンス
ジョン・クーパー・ワークスのそれとひとめでわかるステンレス・エグゾーストパイプ。排気システムは、騒音レベルと音質が最適化されている。

テクニカルデータ
ミニ・クーパーS JCW（2002）

【エンジン】＊形式：直列4気筒／横置き ＊ボア×ストローク：77.0×85.8mm ＊総排気量：1598cc ＊最高出力：200.0ps／6950rpm ＊最大トルク：240Nm／4000rpm ＊圧縮比：8.3：1 ＊タイミングシステム：SOHC／4バルブ ＊燃料供給：電子制御インジェクション／インタークーラー付きスーパーチャージャー

【駆動系統】＊駆動方式：FWD ＊変速機：6段 ＊クラッチ：乾式単板 ＊タイヤ：205/45VR17

【シャシー／ボディ】＊形式：モノコック／3ドア・セダン ＊乗車定員：4名 ＊サスペンション：（前）独立 マクファーソン・ストラット／テレスコピック・ダンパー スタビライザー （後）独立 マルチリンク／テレスコピック・ダンパー スタビライザー ＊ブレーキ：（前）ベンチレーテッド・ディスク （後）ディスク サーボ／ABS, DSC ＊ステアリング：ラック・ピニオン（電動油圧式パワーアシスト）

【寸法／重量】＊全長×全幅×全高：3660×1690×1420mm ＊ホイールベース：2470mm ＊トレッド：（前）1460mm （後）1470mm ＊車重：1140kg

【性能】＊最高速度：226km/h

ますます"パワフル"なコラボレーション

BMCがウェスト・サセックスにあるジョン・クーパーのガレージとの協力関係を解消したのは、1971年のことだった。それ以来、クーパーの魅力を忘れることができないファンにとって、ジョン・クーパーは唯一の心の拠りどころとなった。このガレージが海外向けに、小さなクルマを"ダイナマイト"に変えるチューンナップ・キットや、アクセサリーを製作し続けることになったのは、これら根強いファンがいたからにほかならない。

さまざまな国で評判を呼んだが、特に日本ではひっぱりだこで、1980年代半ば、当時ミニを販売していたローバー・グループは、クーパーに再び協力を依頼する。こうして19年の空白を経て、1990年、ミニ・クーパーが戻ってきた。

2000年、初代ミニがその役目を終えるころ、すでに会社はBMWの手に渡っていたのだが、次世代ミニのプロジェクトを立案するにあたって、BMWではごく初期の段階からジョン・クーパーとの協力体制を整えた。

牽引役はジョンから息子のマイクにバトンタッチされ、彼がプロトタイプの開発に携わった。1999年、ジョン・クーパー・ガレージはジョン・クーパー・ワークスとなる。2000年にジョンが亡くなり、彼の時代が終わりを告げると、マイクは新しい時代に向けて新たな課題に取り組む決心をする。2002年、ニュー・ミニのキットの販売がスタートするかたわらで、マイクは長いこと温めていた夢を実現する。それは、クーパーをサーキットに復帰させることだった。そして、ジョン・クーパー・チャレンジがスタートした。すでにグッドウッドのサーキットで4シーズン目を迎えている。

ジョン・クーパー・チャレンジは年に6回、週末に12戦が行なわれる。若く、チャレンジ精神旺盛なドライバーが、日頃、足に使っているクルマをサーキットに持ち込むレースである（レースの詳細はホームページを参照のこと。www.johncooperworks.com）。

2003年の段階で、ジョン・クーパー・ワークスの従業員は25人だった。1967年から参加を見合わせていたニュルブルクリンク24時間にも復帰を決めた。JCWキットの生産のほかに、アクセサリーやパーツ類を製作、イースト・プレストンのガレージでは（新旧問わず）中古ミニの販売のほか、クーパーとクーパーSのチューンナップを手掛けている。

れるチューンナップ用カスタマイズ・パーツであるため、メーカー保証が適用される。

　用意されているのはパワーに目を向けたものばかりではない。クルマをスポーティに仕上げるアクセサリー類も充実している。バケットシートや205/40ランフラットタイヤ、18インチ・アルミホイールのほか、ローダウンも可能だ。これはコイルとダンパーのキットで、ハンドリングが向上し、敏捷性も高まる。カーボンファイバー製のダッシュボードもキットとして販売されており、そこには3連メー

目印
JCWのロゴ入りのレザー・バケットシートは、1脚918ユーロ（工賃別）。エンジンフード上の白いラインとルーフ上のグラフィック・ステッカーは、すべてのニュー・ミニに装着可能。

ターが並ぶ。
　世界中で6000セットが装着されたが、2004年9月のパリ・サロンでは、この年の夏にモディファイを受けたクーパーS用キットが新たに登場する。このキットを装着することによって、出力は210psに、トルクは245Nmに向上する。2005年初めに販売が開始され、サルーン、コンバーティブルともに価格は5400ユーロ（工賃別）で、200psの旧バージョン・キット装着車は、1155ユーロ（これも工賃別）のエクストラコストで新しくなったパーツを追加することができた。

210馬力
このページの写真は、2005年から販売が始まった210psキットを装着したクーパーS。ホイールはJCWの18インチ。クアトロルオーテはこの年の6月号で、このクルマをサーキットに持ちこんだ。そのアグレッシヴな姿とドライビングの楽しさが、瞬く間にスタッフのハートを掴んだ。

トップの貫禄

クォリティの高い室内。このページの写真は、クロノ・パック仕様で（オプション）、ダッシュボードのカラーはボディ同色。3本スポークのステアリングホイールには、オートクルーズとラジオのスイッチが装着されている。

ミニ・クーパーS JCW インプレッション

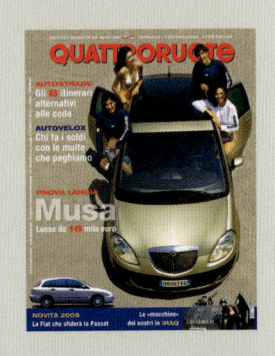

名前と場所

JCWのキットを装着したミニ・クーパーSのテストは、2004年8月号で、プジョー206RC、ルノー・クリオRSのテストとともに掲載された。ほかにも多くのテストが実施されたが、なかでも新登場のランチア・ムーザは表紙にも登場。クルマを囲む女性が身に付けたTシャツには、クアトロルオーテの名前とテストコースがプリントされていた。

2004年8月号に掲載されたテスト記事を読むかぎり、JCWの210ps仕様は、ほかのクルマを圧倒するには充分すぎるほどに充分ということになる。

「イグニッション・キーを回しただけで、エンジンがすこぶるスポーティだと瞬時に感じとれる」 実際のところ、0－100km/h加速について、ノーマルのクーパーが8.4秒だったのに対し、JCWは7.2秒で走りきった。加速はもちろん五つ星を獲得している。最高速度に大きな変化はないが、37psのアドバンテージを実感するのは、中速域での力強いパワーや、コーナーやストレートが混在したルートでのドライビングにおいてである。加えて、ハンドリングも優れている。

JCWのキットには、エクステリア関係をモディファイするものは含まれておらず、エンジンのパワーアップが中心だ。「スタビリティ・コントロールのDSCは優れたシステムで、タイヤが路面からわずかでも浮いた瞬間に作動する。ブレーキのフェードテストではペダルが少しスポンジーになり、ストロークが延びた」

燃費（二つ星）はノーマルとほぼ同じくらいだ。しかし、ギアをひっぱり、"限界"に挑むと3km/ℓほど悪化する。それでも、だからといって6000ユーロのキットの装着を考え直す大きな理由にはなりえない。

2005年初め、すでに述べたとおり、さらなるパワーアップを可能にするキットが登場する。この年の夏、クアトロルオーテはパヴィアのヴァイラーノにある自社サーキットにクーパーS JCWを持ち込んだ（ドライビング・インプレッションは6月号の「スポーティ白書」に掲載）。クルマはドライビング・プレジャーがさらに高まり、ギア比が低くなったことで、加速と制動力が向上した。18インチのJCWホイールはハンドリングをより正確にしたが、そのぶん、路面の小さな凹凸を大袈裟にキャビンに伝えるようになった。ブレーキ・システムは改良の余地がある。特にフェードが問題だろう。サーキットで数周"頑張る"ドライビングをすると、ペダルのストロークが深くなっていく。

PERFORMANCES

最高速度	km/h
	223.245

燃費 (6速コンスタント)	
速度 (km/h)	km/ℓ
60	21.0
90	16.2
100	14.6
120	11.5
130	10.2
160	7.1

発進加速	
速度 (km/h)	時間 (秒)
0－60	3.5
0－80	5.2
0－100	7.2
0－120	9.8
0－140	12.9
0－160	17.3
0－180	22.9
0－190	26.8
停止－400m	15.2
停止－1km	27.7

追越加速 (6速使用時)	
速度 (km/h)	間 (秒)
70－80	2.6
70－100	7.9
70－120	13.4
70－140	19.3
70－160	26.5

制動力 (ABS)	
初速 (km/h)	制動距離 (m)
60	14.1
100	39.1
130	66.1

白黒

クアトロルオーテがテストしたクーパーS JCWは、黒のボディに、いずれも白い、ルーフ、ホイール、ミラーを装備したモデル。キットは200ps仕様の初期バージョンが装着されていた。高い性能を誇るが、公表数値には（わずかの差で）到達しなかった。しかし、楽しむには充分以上だ。

ミニ・コンバーティブル 2004〜

ミニ・コンバーティブルについては、クローズド・バージョンが登場した時から噂になっていた。公式にデビューが予告されたのは、2003年5月15日である。BMWの社長、ヘルムート・パンケは、小型のコンバーティブルで新しいクライアントの獲得を目指すと語った。実際、ミュンヘンのデザインセンターでは、早い時期にコンバーティブルのスタディが始まっていた。2004年2月には、ゲルト・ヒルデブラント率いるチームが、独立した形で作業を行なうと報告された。もちろん、BMWが監督の役割を果たす。BMWでは、四輪／二輪、BMW M、ロールス・ロイスとMINI、いずれのブランドもデザイン部門は独立しており、それぞれ権限を与えられていたが、なかでもMINIは他のブランドに比べてその自由度が高かった。

デザイナーとエンジニアがベースモデルとしたのは、ワンとクーパーだった。コンピューター技術を駆使し、スケッチがそのまま三次元モデルとなった。構造的にはフロント・クラッシュ対策としてボディ剛性が高められたほか、補強部材が導入され、サイド・クラッシュに備えてサイドシルの部材が厚くなった。Aピラーに内蔵された、高荷重に耐えるスチール・チューブは、横転時には乗員を保護する。リアにはアルミ製のロールバーが装着

外観
上はコンバーティブルのスケッチ。バリエーションはコンバーティブルだけだが、ファンはワゴンの登場も望んだ。右の写真はリアビュー。乗員を保護するロールバーが見える。このロールバーがコンバーティブルのデザイン上のポイントにもなっている。デビュー時、イタリアでの価格はワンが1万9850ユーロ、クーパーSは2万6250ユーロだった。

ロードスター愛好者

コンバーティブルの登場によって、ニュー・ミニは新しいユーザー層を開拓した。それは、オープンカー愛好者である。アメリカ、イギリス、日本、ドイツで人気を博した。

テクニカルデータ
ミニ・クーパー コンバーティブル（2004）

【エンジン】＊形式：直列4気筒／横置き ＊ボア×ストローク：77.0×85.8mm ＊総排気量：1598cc ＊最高出力：116.0ps／6000rpm ＊最大トルク：149Nm／4500rpm ＊圧縮比：10.6：1 ＊タイミングシステム：SOHC／4バルブ ＊燃料供給：電子制御インジェクション

【駆動系統】＊駆動方式：FWD ＊変速機：5段 ＊クラッチ：乾式単板 ＊タイア：175/65HR15

【シャシー／ボディ】＊形式：モノコック／2ドア・オープン ＊乗車定員：4名 ＊サスペンション：（前）独立 マクファーソン・ストラット／テレスコピック・ダンパー スタビライザー（後）独立 マルチリンク／テレスコピック・ダンパー スタビライザー ＊ブレーキ：（前）ベンチレーテッド・ディスク（後）ディスク サーボ／ABS, ASC ＊ステアリング：ラック・ピニオン（電動油圧式パワーアシスト）

【寸法／重量】＊全長×全幅×全高：3640×1690×1420mm ＊ホイールベース：2470mm ＊トレッド：（前）1460mm（後）1470mm ＊車重：1175kg

【性能】＊最高速度：193km/h

されているが、BMWのロードスターのようにヘッドレスト一体型となっている。

2004年3月、ミニ・ワンとクーパーのコンバーティブルがジュネーヴ・ショーでデビューすると、予想どおり大歓迎を受けた。コンバーティブルは、幌を閉めた状態で、クローズド・モデルよりわずかに車高が低い。少しばかりずんぐりしたスタイルだが、愛嬌のあるデザインであるともいえる。

傾斜したフロントガラスの先は、ピラーに代わって、ロールバーとコンパクトな幌が特徴となっている。全体を印象づけるのはウィンドー見切りにあるクロームメッキの帯だ。

ソフトトップの開閉はボタンひとつで可能だ。所要時間はたったの15秒で、最初にルーフ部分が蛇腹式に開き、続いてリアシートの後ろ側に向かって幌が下がっていく。同時にルーフ・レール・アームがなくなり、リア・サイドウィンドーが下がる。120km/hまでなら走行中でも開閉可能で、この場合、最大400mmまで開き、サンルーフのように楽しむこともできる。

リアシート背後に格納されるソフトトップがトランク・スペースを侵食したため、コンバーティブルの荷室容量は、クローズド・モデルの165ℓに対して少なめの120ℓとなっている。なお、リアシートを倒すと605ℓとなる。

いっぽう、コンバーティブルに新たに提供されるのはイージー・ロード・システムであ

る。これは、幌を閉めた状態でトランクルーム内のレバーを動かすことにより、幌が下側から持ち上がり、またトランクリッドを開くと、2本のスチール・ワイヤーによって支えられた荷置き台となり、荷物の出し入れがしやすくなるという仕組みだ。

ジュネーヴ・ショーでデビューしたワンとクーパーには、ともに1.6ℓエンジンが搭載されたが、ワンのエンジン性能が、最高出力90ps、最大トルク140Nm、最高時速175km/h、

オプション
ウィンド・ディフレクター（左）はオプション。下はソフトトップを400mm開けた状態。サンルーフのように使える仕組みだ。208ページの写真は2004年に改良を受けたコンバーティブル。バンパーが変わったほか、グリルが新しくなった。

0−100km/h加速11.8秒だったのに対して、クーパーは最高出力115ps、最大トルク150Nm、最高時速193km/h、0−100km/h加速9.8秒である。双方ともギアボックスは5段マニュアルが採用された。

数ヵ月後、ニュー・ミニ・ファンには嬉しいニュースが届く。バーミンガム・ショーに先駆けて、5月19日から開幕した第25回マドリッド・モーターショーで、クーパーSコンバーティブルが世界デビューしたのである。

ワン、クーパーに比べてボディ剛性が強化されたクーパーSは、このセグメントのクルマとしては唯一、最高出力170ps、最高時速215km/hを誇る。加えて、最大トルクは220Nm、公表された0−100km/h加速は7.4秒だ。ギアボックスはクローズド・モデルのS同様、6段マニュアルが採用されている。

16インチ・アルミホイールが押し出しの強さをアピールし、タイア・サイズは195/55 R16を選ぶ。コンバーティブル用にデザインされた17インチの5本スポーク・ブリットホイールはオプションで用意される（ワンとクーパーの標準装備ホイールは、スチールもしくはアルミの15インチ、タイアは175/65 R15）。

クーパーSコンバーティブルに用意されたボディカラーは（ハイパー・ブルーとダーク・シルバーの）2色で、ロールバーはクロームだ。

クローム効果

ブルー、黒、ベージュ、これが室内の人気カラーだ。ダッシュボードとドアパネルはシルバー、アンスラサイト、もしくはオプションでウッド調、アルミニウムから選ぶことができる。アルミについては、クーパーSでは標準装備。室内の装備品のバリエーションも豊富で、シートについてはレザー、レザー／ファブリックから選ぶことができる。バンパー、グリル、ロールバーにクロームを用いる"クローム・ライン"をチョイスすると、レヴカウンター／スピードメーター・リム、ドリンクホルダーなども、光沢のあるクロームとなる（クーパーSでは標準装備）。

たちまち人気を呼び、納車まで6ヵ月待ちということも珍しくなかった。

2004年末の段階で、コンバーティブルは1万8741台の販売台数を記録（そのうちイタリアで登録されたのは621台）、この数字はニュー・ミニ総販売台数の10％を占めた。人気はクーパー（1万343台）を筆頭として、クーパーS（4803台）が続き、ワン・コンバーティブル（3595台）という順番だった。

ソフトトップのカラー
クール・ブルーは光によってその色調が変化する。この色調変化はクーパー・コンバーティブル専用カラーであるホット・オレンジでも同じ。ワンのソフトトップは黒のみ。クーパー（上）とクーパーSではブルーとグリーンも用意されている。ボディカラーと同色にペイントされたサイドミラーはスポーツバージョン専用。ワンでは黒になっている。

下：わずか15秒でオープンに変わる。幌は自動的にリアシート後方に向かって開き、ピラーとウィンドーが下がる仕組みだ。リアシートに格納される幌にカバーは不要。リアウィンドーの熱線はとても便利。

ミニ・クーパー・コンバーティブル インプレッション

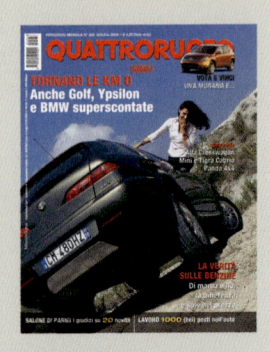

表紙の悲鳴

2004年10月号『クアトロルオーテ』のテストの主人公はアルファ・クロスワゴン、ニュー・パンダ4×4。そして、比較テストはオペル・ティグラ対ミニ・クーパーのオープン対決。右下は評価の高かったトランク機構のテスト風景。幌をオープンする際、下がったリアのサイドウィンドーを上げるには、コンソールに設置されたボタンを使う。

クラシックなキャンバス製幌によって、ミニ・コンバーティブルはクローズド・モデルのレトロな雰囲気を保っている。このコンバーティブルは、トレンドセッターな若者（そうでない若者も）のハートを掴んだ。

2004年夏の終わり、クーパーのコンバーティブルがクアトロルオーテ編集部に届く。オペル・ティグラ・ツイントップとの比較テストに臨むためだった（記事は10月号に掲載）。「ミニ・コンバーティブルのキャビンは、他のモデルとまったく同じだ。最初に目につくのは、メタル調のダッシュボードの中央に配置されたスピードメーターである。ウィンドー・スイッチもソフト・プラスティックも巧みに配置されている」

クローズド・モデルとの違いは、ウィンドスクリーン上部に設置された幌のオープン・スイッチだが、キャビンに施された変更は小規模なものに留まっている（三つ星）。リアシートは決して快適とはいいがたく、またトランクを有効に使うにはリアシートを倒す必要がある。幌とロールバーが後方に死角を作るが、それを補うため、コンバーティブルにはパーキング・センサーが用意されている。

動力性能テストの結果は期待していたほどではなかった。「クローズド・モデルより車重が増加したために、クーパーの"テンロク（1.6ℓエンジン／170ps）"は加速（三つ星半）と制動力（二つ星）が低下している」

とはいっても、コンバーティブルの存在価値は、性能云々より、楽しみとしての側面のほうが大きい。より官能的な走りを求めるドライバーにはクーパーSがある。

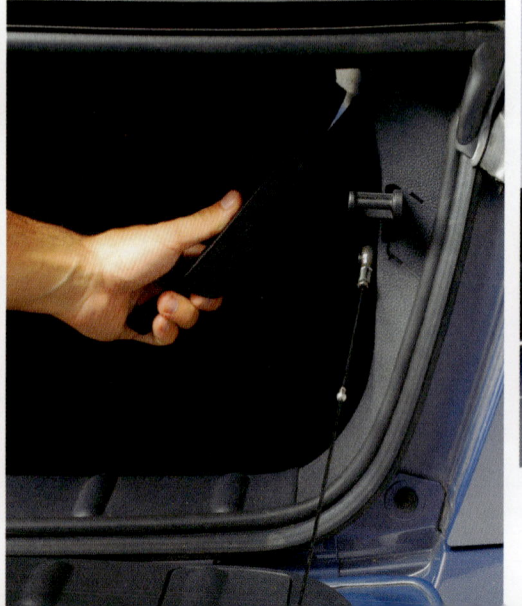

スタビリティOK

ミニ・クーパー・コンバーティブルのハンドリングは優秀だ。コーナーにすっと入っていく。スロットルをオフにするとオーバーステア気味だ。コーナーでのスタビリティ・テストではESPを使用しなかった。進入スピードは103km/h。

PERFORMANCES

最高速度	km/h	0—150	25.7
	193.017	停止—400m	17.5
燃費 (5速コンスタント)		停止—1km	32.2
速度 (km/h)	km/ℓ	追越加速 (5速使用時)	
80	17.3	速度 (km/h)	間 (秒)
100	14.5	70—80	3.7
120	11.9	70—100	11.8
130	10.9	70—120	21.8
140	9.9	70—130	26.9
発進加速		制動力 (ABS)	
速度 (km/h)	時間 (秒)	初速 (km/h)	制動距離 (m)
0—60	4.6	60	14.3
0—100	10.8	80	25.4
0—120	15.2	100	39.6
0—130	17.9	120	57.1
0—140	21.6	130	67.0

ミニ・オンリー・ワン

MINI、パーソナライゼーション
軽合金ホイールからフィラーキャップ、シフトノブに至るまで、カタログのリストはエンドレス。エンジンフードとルーフに装着できるステッカーは7種類。

5万回に1回——。これはトトカルチョで13回当たりを出す可能性ではない。なにからなにまで、まったく同じニュー・ミニに出会う確率である。どうしてこういうことになるのだろうか？ 答えはシンプルそのものだ。

7種のグレードに加え、ジョン・クーパー・ワークスのモデルからスペシャル・バージョンまで、ニュー・ミニは究極のパーソナライゼーションを可能にしたクルマである。ボディ色はパステルからメタリックまで13余りのカラー・バリエーションがあり、さらにルーフとボディのカラーの組み合わせがあり（ク

ーパー)、もしくはルーフに描かれたイギリスの"ユニオン・ジャック"、アメリカの"星条旗"、カナダの"メイプルリーフ"などのステッカーが用意されている。サイドミラーだけでも8種類を数える。エクステリア、インテリアを問わず、実に多くの装備品が細かく用意されているのだ。クロームからウッドまで、果てはドリンクホルダーの装飾リングを含めて、4種類のダッシュボードが存在する。"シンプルな"ファブリックからポルトローナ・フラウのレザーまで、シートのカラーは5種類で、その組み合わせは15種類にのぼる。さらに、アルミホイールは13種類から、ライトは4種類の組み合わせから、それぞれ選択が可能だ。そのうえ、クローム・リムをチョイスしたり、点灯するときのみイエローに光るクリア・ルックのターンシグナルを選んだりすることもできるのだ。

『MINI＆ME』と題されたコンクールでは、想像力豊かな参加者が1000種にものぼる変身案を提案した。スーパーマンからルイ・ヴィトン・スタイル、ゼブラ模様、虎柄までが登場した。また、有名人の人柄は作品から見てとることができる。動物愛好家のリチア・コロはパンダ・ミニを、陸上のイタリア・チャンピオンのフィオナ・メイは距離計測用にサイドに測定ラインのデザインを付けた。

デザイナーではミッソーニ、フェレ、ドナ

スペシャル・アイ
ライト類もさまざまなタイプが用意されている。ターンシグナルやテールライト、グリル上にはモンテカルロ・ラリー・タイプのフォグランプを装着することも可能。

芸術作品
最初はミッソーニだった（上左）。続いて2004年にはフェレとドナテッラ・ヴェルサーチ（コンバーティブルに"着せた"）。いずれの作品もe-bayのオークションに出品され、収益金はライフ・ボールに寄付された。右は"ユニオン・ジャック"とイギリスのアーティストによるルーフ・ペイント、『British Fashion in Milan（2005）』に出品されたもの。下は『MINI & ME』に参加したフィオナ・メイとリチア・コロのニュー・ミニ。パンダ仕様と、サイドボディに"計測ライン"の入ったデザインだ。

テッラ・ヴェルサーチが、ニュー・ミニを超ファッショナブルに仕立てあげた。彼らが手掛けたニュー・ミニはe-bayのオークションにかけられ、その収益金はエイズ患者支援団体のライフ・ボールに寄付された。また2005年のミラノサローネ（家具展示会）用に、モザイクのスペシャリスト、ビサッツァがすばらしいオンリーワンを製作した。

しかし、さまざまな化粧を施しても、やっぱりMINIはMINIで、そういう意味ではまさにMINIこそ、オンリーワンといえるだろう。

ロサンジェルスのコーチビルダーが製作した全長6.3mのリムジン、XXLは、ジャグジーに至るまで豪華な装備を満載している。ジャグジーを使わないときは、ハードトップでカバーする仕組みである。

モザイクとリムジン
左はサマー・フラワース。4台提案されたうちの1台である。ビサッツァによる"モザイク化"は、2005年のミラノサローネに出品されたもの。下はリムジン、XXL。クーパーSがベースで、六輪、4ドア、ジャグジー付き。

カスターニャのミニ

異なる"洋服"を纏ったことで、ミニは神話を作りだしてきたが（モークとクラブマンのように）、BMWグループが用意したのはクローズド・モデルとコンバーティブルのみだった。

BMWが次なるプロジェクトを用意するまでの間、それに代わるように、ミラノのカスターニャ、1950年から休業していた著名なカロッツェリアが、パーソナルなMINIを携えて復帰する。

どんなニュー・ミニでも、40日もあればカスターニャが注文どおりに仕上げてくれる。これまで手掛けたのは、ワゴンとクロス・アップ、そしてテンダーである。ワゴンはコスト削減のため、パネルとキャビンはそのままに、車体を延長することでラゲッジスペースを大きくした。スポーツ・ユーティリティ（SUワゴン）とノスタルジックなバージョン（ウッディ）は、1960年代の木枠付きトラベラーとカントリーマンがデザインのベースとなっている。クロス・アップは、延長分をピックアップスタイルの荷台に仕立てたものだ。フォグランプ付きのプッシュバー、ロールバー、サイドステップが、アグレッシヴなキャラクターを与え、四駆の雰囲気を醸し出している。

イタリアの伝統である"ビーチ"とモダーンをテーマにしたテンダーは、ミニ・コンバーティブルがベースだ。こちらもリアが700mm延長され、インテリア、エクステリアともに、トリムにチーク材が用いられており、幌の生地はミッソーニの手による。キャビンは防水加工が施されており、簡易シャワーを装備する。"ビーチ・フェスタ・コンセプト"にふさわしく、ゴージャスなカーステレオが装着されている。

エキゾティック
テンダー（下左）は現代版"ビーチカー"。200Wの大迫力スピーカーと30ℓの簡易シャワー用タンクを備える。クロス・アップ（下右）は街乗り用ピックアップ。ロールバー、サイドステップ、フォグランプが装着され、車体が高くなっている。

カスターニャによるMINIは、カラーやトリム、装備類で究極のパーソナリゼーションを可能にする。装備類でみると、ワゴンではトランクの荷物を保護するため、籐籠のキットが用意されているほか、ボトルを入れる（もちろんシャンパンだ）冷蔵庫はシガーを保存するケースにもなる。

こういった装備は、当然ながら、価格に跳ね返ってくる。ベース価格は1万ユーロという。こういうエレガントでとてもエクスクルーシヴなMINI、あなたはお望みですか？

SUVも
メーカー製作のミニ・ワゴンを待つ間、カスターニャがワゴンを製作した。260mmリアを延長することによって積載量が増加し、ニュー・ミニの弱点を解消している。SUワゴン（右）とワゴン（下）。ワゴンのウッディ・バージョンには、モーリス・トラベラー・タイプの木枠が装着された。とてもシック。

ミニ・キャラクターズ 2005〜

ブリティッシュ・シック
ブリッジ・スポーク・アルミホイール（上）はとてもシックだ。パーク・レーンのボディカラーはロイヤル・グレー・メタリック。室内はクロームのアクセントが多用されている。

2005年10月、MINIのショールームに、文字どおり個性的なキャラクターズが並んだ（キャラクターとは"個性"という意味のほか、英語では"要人"の意味も）。過去にいくどとなく繰り返された、ミニがクルマという存在だけでなく、ライフスタイルを表現するものであることの確認作業を、このシリーズも実証してみせている。

3モデルはいずれも"ファッショナブル"だ。ヴォーグとヴォーグ・オムの協力のもと、コレクションの時期に合わせてデビューした。"個性的な"キャラクターが特定のユーザーを惹きつける。

PARK LANE（パーク・レーン）

ロンドンのお洒落なストリートからその名を取ったこのモデルは、1980年代の非常にスペシャルでスノッブな雰囲気を醸し出している。ボディはメタリックのロイヤル・グレーにペイントされ、ルーフはリアスポイラーも含めてシルバーで、エグゾーストパイプ、サイドミラーはクロームメッキ、ブリッジ・スポーク・アルミホイールを備える。クラス感を演出するのは、ツートーンカラーの革巻きステアリングホイールとクローム・ライン、ハンドメイドのレザーシートだ。パーソナライゼーションにとどめを刺すのは、オプション装備のエンジンフードのシルバー・ラインだろう。パーク・レーンは（ガソリン、ディーゼル）すべてのグレードに用意されている。

SEVEN（セヴン）

オリジナル回帰（1959年のオースティン・セヴン／モーリス・ミニ・マイナー）でありながら、若いスピリットを持つモデルだ。ボディカラーはもちろんソーラー・レッド。ルーフは同色、もしくはコントラスト・カラーを選べる（白／黒／シルバーのいずれか）。左右フェンダー近くに描かれた"7"の数字が目に飛びこんでくる。加えて、15インチのデルタ・スポーク・ホイールやフォグランプ、ル

チャーミング
すべてのモデルに設定されたパーク・レーンは、グレーのボディに、シルバールーフとメッキ・サイドミラーという組み合わせ。最高にエレガントだ。ボディのシルバー・ラインはオプション。

あの頃のように

ボディの7の数字が目に飛びこんでくる。1959年のセヴンをモダーンにしたモデルである。セヴンでもまた、ホイール（15インチのデルタ・スポーク／上）とエスクルーシヴなカラーが特徴（ボディはソーラー・レッド、ルーフは同色もしくはコントラスト・カラー）。レザー・ステアリングホイール、ウェーブ・ラジオ、オンボード・コンピューターは標準装備。

ーフエンドのスポイラーも、このモデルの特徴となっている。革巻きステアリングホイール、エアコン、ウェーブ・ラジオ、オンボード・コンピューターが装着された。ワン、ワンD、クーパーに設定されている。

CHECKMATE（チェックメイト）

サイドに描かれたチェック模様は、ドライビングを楽しむ、スポーティ・バージョンを愛する層に向けてのものである。したがって、用意されたグレードはクーパーとクーパーSのみとなる。ルーフとサイドミラーはシルバーで、ボディはブルー・スペースのコンビネー

PSAとのジョイントベンチャー

2002年にすでに公表されていたが、2005年1月、BMWグループとシトロエン／プジョーのPSAグループが、小排気量のガソリン・エンジンを共同開発／生産することで合意した。このエンジンは次世代ミニ（2007年デビュー予定）のほか、PSAグループのモデル（2006年から）に搭載されることになる。

1日の生産台数は2500基からスタートし、生産はPSAのドブリン（フランス）とBMWのハムズ・ホール（イギリス）で行なわれる。フランス側はエンジンの主要コンポーネンツを生産、組み立てを行ない、ニュー・ミニについてはイギリスに運ばれ作業が進められる。目標生産台数は年間100万基である。

ション。1990年のチェックメイトをデザインのベースにしており、17インチのアルミホイール、スポーツ・サスペンション、ASC＋Tシステムが用意されている。室内ももちろんレーシーで、ツートーンカラーのシート（布／レザー）、ステアリングホイール（レザー）が光る。

イタリアでの販売価格は、ワン・セヴンの1万7790ユーロから、クーパーSパーク・レーンの2万4870ユーロまでとなっている。

レーシー
ルックス（のみではないが）は押し出しの強さが売り。クーパーとクーパーSに用意されたチェックメイトの特徴は、サイドのチェック模様とエンジンフードのエアインテークを巻きこんだ白いライン。ホイールは17インチで、スポーツ・サスペンション仕様。

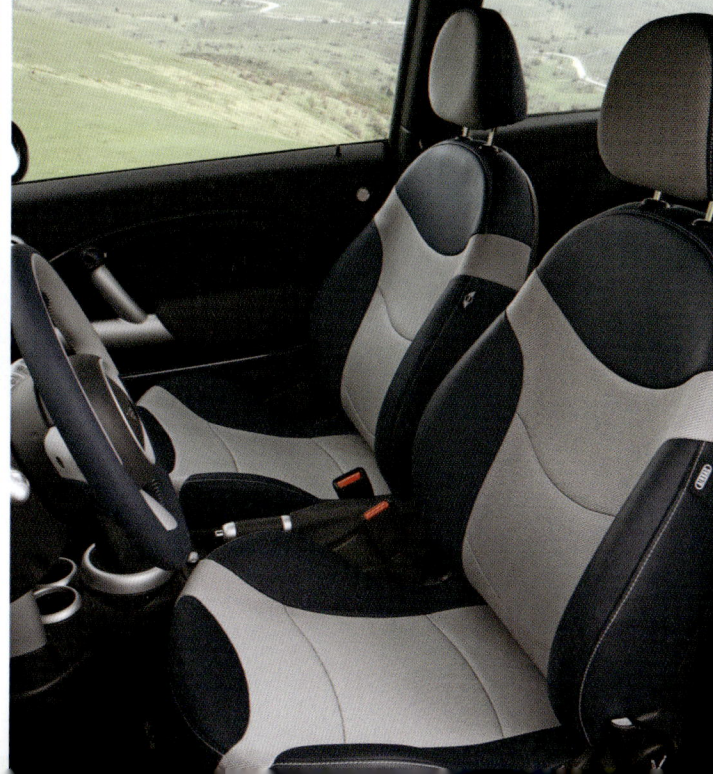

QUATTRORUOTE | **Passione Auto** Mini to MINI 1959-2005：la storia, i modelli, il mito

パッション・オート『Mini to MINI：グレートミニの革命(かくめい)』

2006年8月1日　初版第1刷発行
QUATTRORUOTE（Editoriale Domus社）編
翻訳者＝松本　葉
監修者＝川上　完
編集協力＝日比谷一雄
発行者＝黒須雪子
発行所＝株式会社二玄社
〒101-8419　東京都千代田区神田神保町2-2
営業部：〒113-0021　東京都文京区本駒込6-2-1　電話03-5395-0511
印刷＝図書印刷株式会社
製本＝株式会社丸山製本所
ISBN4-544-40008-2　Printed in Japan
＊定価は函に表示してあります。

JCLS　(株)日本著作出版権管理システム委託出版物
本書の無断複写は著作権法上の例外を除き禁じられています。
複写を希望される場合は、そのつど事前に(株)日本著作出版権管理システム（電話 03-3817-5670、FAX 03-3815-8199）の許諾を得てください。

＊本著はEditriale Domus刊『QUATTRORUOTE PASSIONE AUTO：MINI』の日本語版です。

A CURA DI Manuela Piscini
ART DIRECTOR：Vanda Calcaterra
TESTI：Silvio Campione - Manuela Piscini
HANNO COLLABORATO：Massimo Calzone - Alessandro Carcano
Massimo De Micheli - Diana Grandi
REVISIONE STORICA：Giovanni Maria Papa
DISEGNI E FOTOGRAFIE：Archivio Quattroruote - Archivio Ruoteclassiche
Archivio MINI
REALIZZAZIONE GRAFICA：Susanna Barigazzi
EDITORIALE DOMUS S.P.A.
Via Gianni Mazzocchi 1/3 - 20089 Rozzano(MI)
e-mail editorialedomus@edidomus.it　http://www.edidomus.it
©2005 Editoriale Domus S.p.A. - Rozzano(MI)

Tutti i diritti sono riservati. Nessuna parte dell'opera può essere riprodotta o trasmessa in qualsiasi forma o mezzo, sia elettronico, meccanico, fotografico o altro, senza il preventivo consenso scritto da parte dei proprietari del copyright.

参考文献

書籍

- Rosella Bertolazzi編集
  2004年 Editrice Compositori刊
  「Exciting MINI」

- Franco Bonadonna著
  2004年 Nuova Editrice Genovese刊
  「Storia delle Mini Italiane」

- Rob Golding著
  1990年 Osprey刊
  「Mini, Thirty Years On」

- Gianluca Marziano編集
  2005年 Cartiere Vannucci Edizioni刊
  「Dalla MINI al mini」

- Laurence Pomeroy著
  1964年 Temple Press Books刊
  「The Mini Story」

- James Ruppert著
  1997年 D&N Publishing刊
  「Mini」

- LJK Setright著
  1999年 Giorgio Nada Editore刊
  「Mini, Il Design,
  Simbolo di Una Generazione」

- Mark Steward著
  1989年 Osprey刊
  「MINI」

- Jeremy Walton著
  1989年 Auto History刊
  「Mini Cooper and S」

クアトロルオーテHP
www.quattroruote.it